鸟瞰图绘法

李林 著

辽宁科学技术出版社

·沈阳·

图书在版编目（CIP）数据

鸟瞰图绘法 / 李林著. —沈阳：辽宁科学技术出版社，2012.11
ISBN 978-7-5381-7646-9

Ⅰ．①鸟… Ⅱ．①李… Ⅲ．①景观设计—绘画技法 Ⅳ．①TU986.2

中国版本图书馆 CIP 数据核字（2012）第 204119 号

出版发行：辽宁科学技术出版社
　　　　　（地址：沈阳市和平区十一纬路 29 号　邮编：110003）
印 刷 者：辽宁彩色图文印刷有限公司
经 销 者：各地新华书店
幅面尺寸：215mm × 257mm
印　　张：10
字　　数：200 千字
出版时间：2012 年 11 月第 1 版
印刷时间：2012 年 11 月第 1 次印刷
责任编辑：郭媛媛
封面设计：张　甜
版式设计：张　甜
责任校对：唐丽萍

书　　号：ISBN 978-7-5381-7646-9
定　　价：78.00 元

联系电话：024-23284356　18604056776
邮购热线：024-23284502
E-mail：purple6688@126.com
http://www.lnkj.com.cn

目录
CONTENTS

卷首语

　　《手绘前沿》出版后时隔两年，我着手准备第二本书，便是这本《鸟瞰图绘法》。我一直想把设计徒手表现说得更详细点，于是选择了这个将范围缩小的选题，从"鸟瞰图"这个"点"来细说并展开。从来不敢高谈教化，如果诸君从中能够得到一点新的想法和启发，便有了价值与意义。

　　在建筑、规划、景观设计中，鸟瞰图是前期概念设计方案文本中不可或缺的一部分，因为它能够全面、直观地展示出方案成果的全貌并予以说明，给人一个畅想未来的空间。所以无论对于相关专业在校的学子还是从事一线工作的设计师，都是需要了解并掌握的一种制图方法。

　　本书着重以我个人日常所学、所做的实例参考为主，从工具设备、方法心得，到实际工作案例，均是个人经验的总结，所以不能代表整个行业的习惯与守则，仅仅是为读者提供借鉴与参考，其中难免错误与纰漏，请不吝指正。

李　林

2012 年 8 月

BASIS
基础篇

材料与工具
透视基础

铅笔

铅笔是我个人最喜欢用来绘制草图和线稿的工具,举个例子进行对比:0.5 毫米 2B 较硬铅芯的自动铅笔可以细致刻画细微的线条,而中华牌 8B 粗而软的绘画铅笔则可以平铺大面积明暗调子,用来突出对比和质感,这些都是比较廉价易得的工具。

针管笔

针管笔是建筑、机械与美术相关专业制图绘图专用的一种笔。常见的分钢尖上墨和一次性的纤维尖两种。由细到粗跨度为大致 0.05~2 毫米,常用的搭配为 0.1/0.3/0.5/0.8 毫米,这样可以应付大部分同一张图纸中的线型区分。上图中的日本樱花牌和德国的施德楼牌都是很好用的一次性针管笔品牌。

钢笔

建筑钢笔画是一种建筑及相关设计专业中很具有代表性的绘画表现方式。钢笔在绘画写生、草图绘制中也是一种很好用的工具。具有笔触相对变化多样性、经济、易维护等特点。常用的有普通书写钢笔和弯尖的美工钢笔,前者比较容易上手掌握,后者可以得到变化更加丰富的线条笔触。上图为我个人最喜欢用的一种德国产 LAMY 牌钢笔,SAFARI 系列塑料笔杆,EF 尖。

毡头笔

这是一种价格低廉的,使用范围广的一次性毡头记号笔,也比较方便购买。笔尖偏软,书写流畅,适合书写,也可以用来绘制平面、立面、透视图的线稿,更适用于在草图纸上绘制草图。不同品牌、不同款式笔尖粗细和特性均不相同,这个更要看个人的使用习惯,总之是一种物美价廉的工具。上图为日本派通牌的两款毡头笔。

马克笔

马克笔是快速表现上色的重要工具,用途范围广泛,可以用在普通白复印纸上,也可以用在草图纸、硫酸纸上。具有颜色丰富、使用快捷、携带方便的优点。不同牌子的墨水颜色和分类有所不同。普通白复印纸上适合使用 TOUCH 牌、三福牌,而草图纸/硫酸纸上最适合美国 AD 牌,笔尖粗大,颜色浓重。上图为美国 AD 牌马克笔,颜色丰富,分有景观、建筑、漫画等颜色套装。

TOUCH 马克笔	纸张	辅助工具	电脑	手绘板

这是我个人喜欢的一种性价比较高的马克笔，颜色清雅。我比较喜欢用这个品牌的灰色马克笔，分为 CG/WG/GG。各由 1~9，9 种灰度由浅及深逐次递进，十分适合用于绘制草图（本书后面有章节专门讲到）。可以单独使用做明度对比，也可以交替使用做冷暖对比。

纸张可以有很多选择，常见的就是普通的白色复印纸，随手可得，更多用来书写。而草图纸和硫酸纸更适合设计制图使用，它们均具有透明度高的特性，可以利用这点特性层层叠加，不断完善草图，直到确定正稿。草图纸常见为白色半透明和黄色半透明两种。而硫酸纸为打印 CAD 图专用，也适合手绘制图使用，质地较草图纸更均匀，韧度更高。需要注意的是，如果上色的时候，绘制草稿的为易溶的油性墨水笔，则最好是在背面上色，以免弄脏图面。

如果使用草图纸、硫酸纸绘制草图，当图纸叠加的时候则需要胶带纸固定，选择具有一定黏度但是易揭取不易撕坏纸张的为好。直尺作为一个重要辅助工具，对于精细绘图或者初学者来说很有帮助，其他还有比例尺、平行推尺、圆模板，曲线板、圆规等等。只有尺规用得纯熟，才能为徒手打好基础，因为那时候精准的透视关系和比例早已经在心中成型。

电脑硬件和软件的每一轮革新必然带来技术的进步，设计绘图也是如此。除了在 3D 领域的应用，对于徒手绘制来说，诸多的电子辅助工具在不断提升我们的效率。在本书中我大量使用了手绘板配合 PHOTOSHOP 软件上色，使得绘图过程更加清洁，色调更加丰富并易于修改。在纸上绘制草图后，用扫描仪转化成 JPG 文件，然后导入 PHOTOSHOP 软件中使用手绘板上色。

推荐使用日本 WACOM 公司（和冠）的产品，无论是价格相对低廉适合高校学生使用的 BAMBOO 系列，还是其主力产品影拓系列，都是经久耐用的产品。上图中影拓 3 系列 6×8 幅面的手绘板我已经使用至少 5 年，依然性能稳定优异，而最新型的影拓系列已经发展到第 5 代。选择设备的原则是够用就好，切不要盲目追求最新、最贵，适合自己的才是最好的。

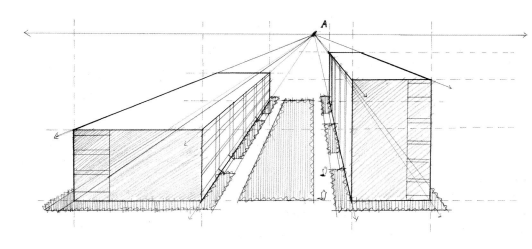

　　在我看来，准确的透视关系是效果图的基础，在鸟瞰图中更是如此，只有基础准确才能保证严谨无误的"上层建筑"。而熟练地掌握之后，你脑中所构思的方案便形成了一个准确的三维模型——只有"胸有成竹"，才能够做到"下笔有神"。这不仅仅是一种技法的训练，更应该是一种思维模式的高级体验。

　　与人视点的透视图相同，鸟瞰图也是分为一点透视、两点透视、三点透视。区别就是鸟瞰图的视点较高，高于人类的视角，所以画面中的主体，都在视平线以下。

图 1

　　一点透视：特点便是"横平竖直"。如图 1 虚线所示，以高度不同的两栋建筑为范例。当远端消失在唯一的"A"点，构成立面的线都是垂直于地面并且相互平行的，而水平方向的线也平行于视平线，这样产生的透视角度就是基本的"近大远小"——绘制简单但是缺乏视觉冲击。

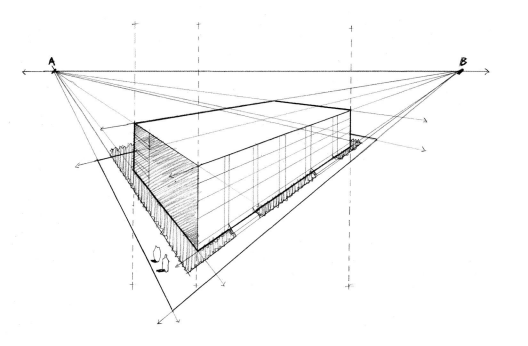

图 2

　　两点透视：顾名思义，比一点透视增加了一个灭点。与一点透视不同的是，只有构成立面的线是垂直并且相互平行的，水平方向则由相交的两条线构成并分别消失于"A"、"B"两个不同的灭点。而"A"、"B"两点在同一条视平线上的距离越大，所产生的图形角度则越平和，反之两点距离越小，产生的图形角度则变形夸张。这个需要在绘图过程中根据需要调节到一个合适的度。

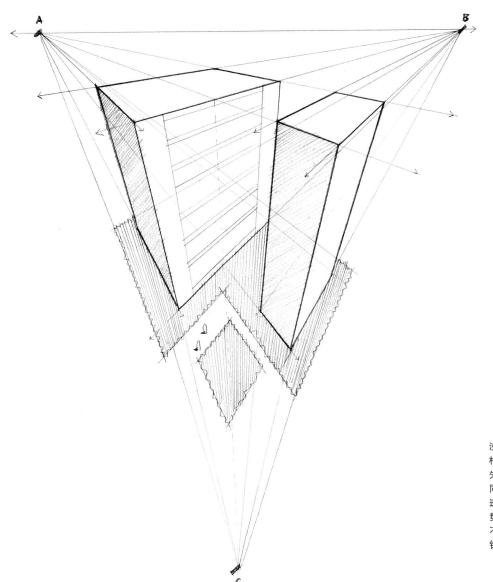

　　三点透视：也叫"成角透视"。除了视平线外，图中没有或水平或垂直或互相平行的线。物体是由和两点透视相似的"A"、"B"两点交织产生，区别则是立面的线消失于"C"点。这样便产生了一个视觉冲击力很强的画面。同理，"C"点距离视平线的垂直距离越远，画面主体的透视角度越小，反之亦然。三点透视特别适合于绘制有气势的鸟瞰图，但是关键在于"C"点，如果立面的线把握不好而最终不完全归于"C"点，整个透视就会产生视觉错误。

图3

DRAWING
绘制篇

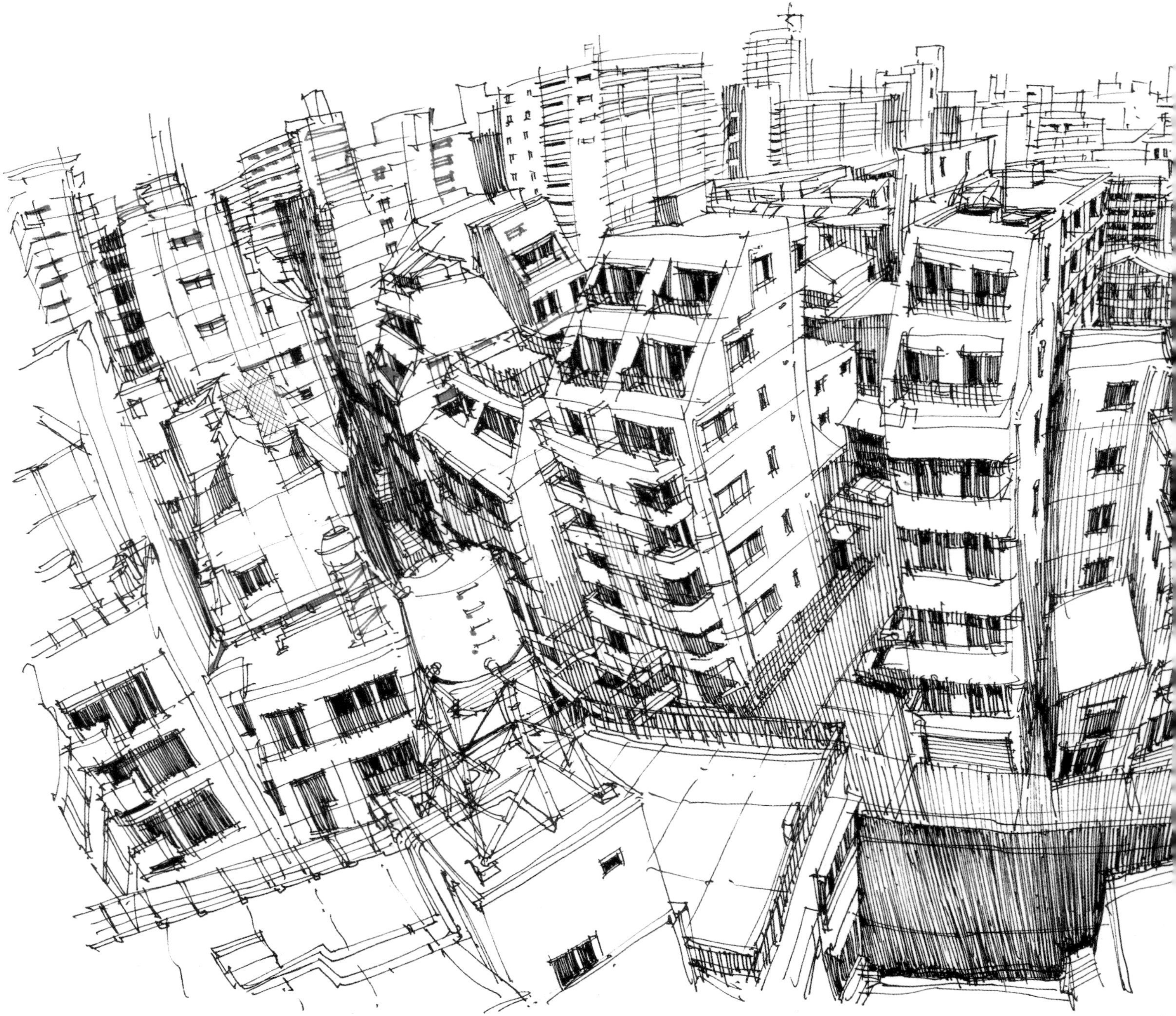

如果说"透视和结构"是骨骼的话，那么"线条"则是皮肉。

记得学生时代初练绘图，一度认为"帅气"的线条就是一切。可以掩盖结构的瑕疵，可以吸引眼球，甚至方案含糊的地方也可以大面积地排线敷衍。特别在意"起笔"、"顿笔"，张扬地在纸上快速地划过。虽然起初在很短的时间内，从"一张白纸"到"有模有样"，还曾经一度沾沾自喜，觉得自己进步飞快，可是如今想起，那时候自己却忽略了最本质的东西。

当初期的"速成"很快停滞不前时，才回头来看，原来"皮肉"下面空空如也。所谓的"线条"也不过徒有其表而已，虚空的"皮肉"下面如果没有一副坚实的"骨骼"，顶多算一副皮囊而已。所以本质即是骨骼，即是基础，是透视，也是比例与虚实关系。

当练习到已经可以徒手画得横平竖直的时候，想要再得到更大的进步，就要停下来想想，自己面对一张白纸，是脑中已经有一幅完整的画面，还是打算画到哪儿算哪儿。如果是后者，还是要回到上一步再重新来过。任何时候的基础练习，都是有益处的，它会锻炼你思考的方式，让你从茫然的空白中看到未来。

即使是简单而平实的线条，如果你透视精准，比例得当，结构清晰，虚实明确，那么也绝不会平庸。

A3 幅面复印纸，钢笔绘制。

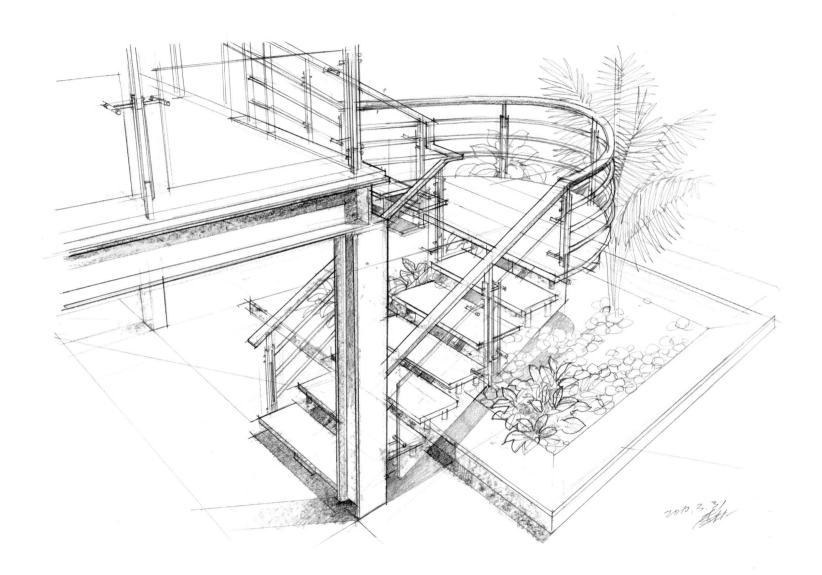

A4 幅面复印纸，铅笔绘制。

鸟瞰是一个宏观而全面的视角，但是时常进行一些细部的刻画练习，也是十分必要的，因为有的时候经常会遇到一些具体立面细节的刻画。在平面方案确定后，很多时候还没等进行到下一步立面的设计深度时，鸟瞰图绘制的工作可能就同时在进行了。这样对于绘制者就需要大量平时的积累，通过意向图片和风格构思去把平面的图纸转换为立体的构筑物。

室外常见的除了建筑和植物，还有很多的细节。比如景墙与挡土墙、花钵、廊架凉亭、水池喷泉、竖向比较复杂的楼梯台阶和扶手、广场雕塑、景观灯柱、驳岸与栈道等等。

记住这些最好的办法就是先搜集实物资料照片，然后自己用业余时间拿笔画一遍。因为画画是个很好的记忆方法，在画的过程中既了解了其中的结构，还能加深印象。画得多了，自然会熟记在脑中并且随时可以一挥而就。

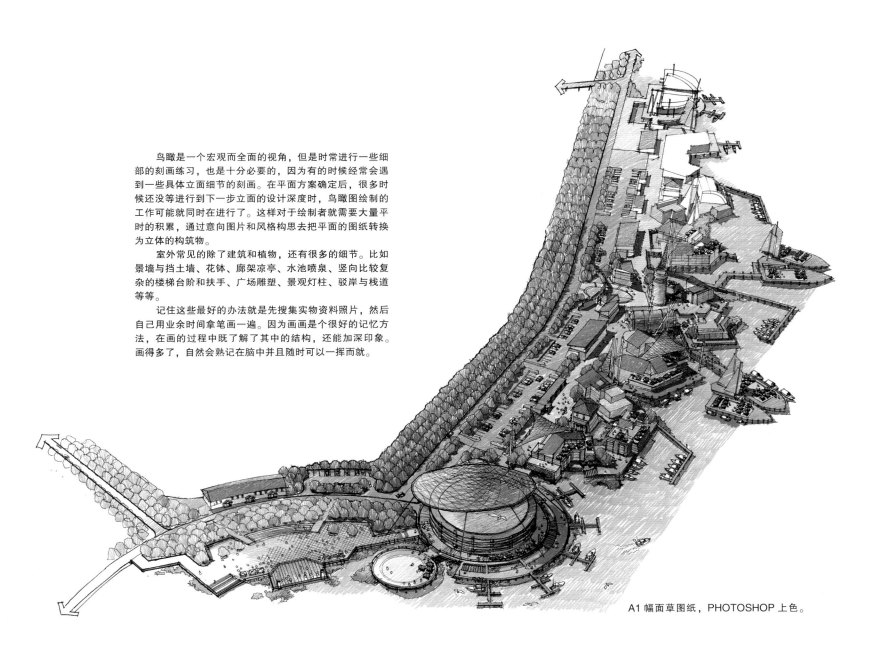

A1 幅面草图纸，PHOTOSHOP 上色。

　　设计制图中的色调没有传统绘画中那么复杂的分类和流派的区别，姑且将它简单地分成冷暖两种色彩倾向。这样的作用很大程度是为了还原设计产品在不同季节与时间环境中的模样。

　　比如设定项目场地在四季分明的北方地区，内容为一个居住区的规划设计方案，那么不同的色调就可以代表不同的季节。春季的颜色应该是青嫩中带有新绿并点缀春花；夏季是一片郁郁葱葱具有强烈而浓重的绿；秋季则是金黄的秋叶为主，中黄的色调中夹杂着温暖的橘红与褐色；冬季为冷紫调子并配以偏蓝的常绿树。

　　而一天中不同的时间也具有不同色调的光线，夏夏的黄昏晚霞绚烂的暖色极为动人，这样不同的色调便使得一张图具有了感染力。

A4 幅面钢笔绘制线稿，PHOTOSHOP 上色，电脑上色最大的好处就是色阶丰富，对于细微色彩的把握更加游刃有余。

以同一幅线稿做一个范例进行对比。采用相同色相的物体，左页采用了冷色调，以蓝紫色为主，无论是受光面还是背光面。瓦片自身虽为橘红色，但是在受光面强调青蓝，这样便有了清冷的感觉。右页则采用暖色调，在画面中物体固有色相同的情况下，背光面依然采用清冷的蓝紫色不变，在受光面则采用了温暖的黄色，而水池、树木、阳伞等同时色调偏黄，这样便使整个画面温暖起来，同时具有冷暖对比。

2011. 1. 21

　　一张好图不仅仅需要结构和外形准确，画面的质感也非常重要。而质感很大程度来自于所描绘物体的自身材质特征，或粗糙，或细腻，或光滑，或拼接编织。

　　上图为电影《非诚勿扰2》中经典场景，取景地也是著名的三亚鸟巢度假酒店的客房。我把电影截图后，对照图片进行材质练习，目的是为了研究和说明用钢笔线条对材质和室内空间感的表现。如图所示，整个电影画面构图考究，画面核心为近景的一个藤编的沙发，这种相对复杂的质感虽然刻画比较费时，但更适合徒手绘制且容易出效果。考虑到光线从窗口进入，所以加强背光面的线条密集程度，这样用疏密对比强调了立体感。

　　右图为新疆库车大峡谷写生。对于鸟瞰图绘制中经常出现的岩石、湿地、河流、山体等环境氛围，凭空臆想难以做到逼真和写实，所以经常对照一些实景照片做一些写生练习是非常有必要的。

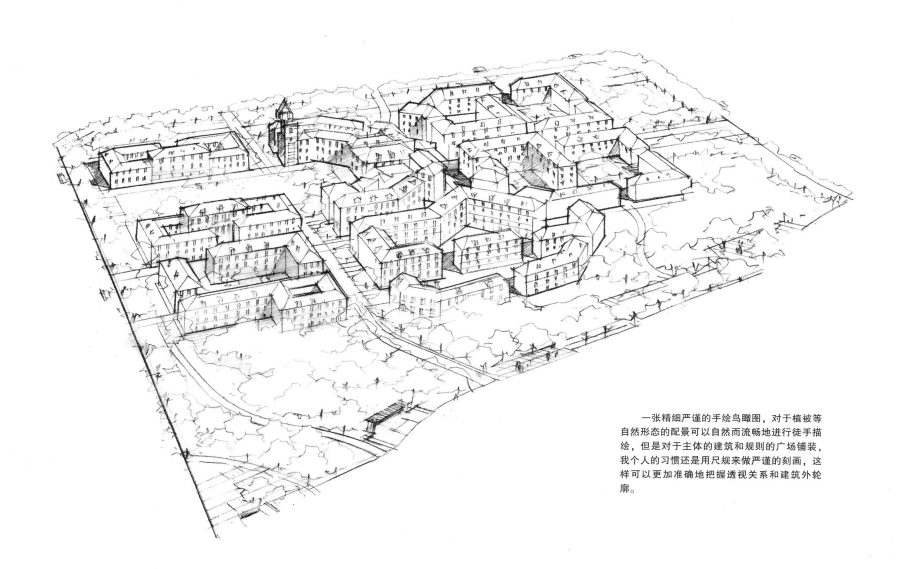

一张精细严谨的手绘鸟瞰图，对于植被等自然形态的配景可以自然而流畅地进行徒手描绘，但是对于主体的建筑和规则的广场铺装，我个人的习惯还是用尺规来做严谨的刻画，这样可以更加准确地把握透视关系和建筑外轮廓。

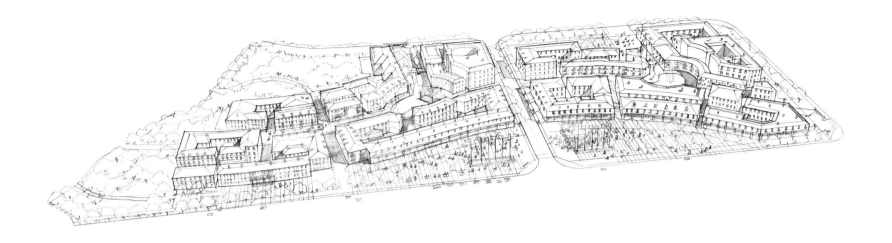

对于线稿的绘制，传统的方法都是使用不同粗细的针管笔搭配来凸显轮廓。但我近期更偏爱使用铅笔，因为2B铅笔的铅芯软硬适中，通过变换笔尖的角度和控制手腕的力度可以绘制出深浅、粗细不同的线条，而且易修改。

如本页图例，则是在半透明草图纸上用自动铅笔绘制的一个城市规划项目鸟瞰图线稿局部截图，通过加粗加深建筑的外轮廓，来凸显建筑与道路场地的结构和脉络。

当然铅笔绘制的线条也有它的不足之处，那就是绘制出的线条黑色不够重。如果在线稿上用马克笔手绘上色的话，会因为马克笔色彩浓重而很容易覆盖掉铅笔线稿。但是事物都不是绝对的，淡雅的水彩则对于铅笔线稿和钢笔线稿均适用。总之，工具和技法有多种选择，不必拘泥于此，找到适合自己的并深入研究，充分发挥它的特性。

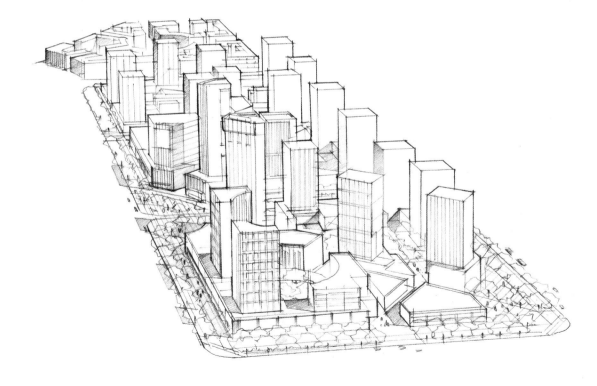

　　在鸟瞰图的绘制中，无论建筑设计还是规划设计，建筑本身毋庸置疑的是需要描绘的主体。那么在这个视角高高在上的图面中，建筑的刻画是需要重点练习并掌握的。对于人类生活、生产和活动的场所，我们往往难以看到高于我们头顶的那一面，那么就需要利用航拍照片、建筑模型、登高观看等多种手段来一窥究竟。平日闲暇时候的写生练习，可以让我们更了解我们不熟悉的这个视角，利用发达的网络搜集到众多的图片，找出有针对性的图片进行练习。季节的变化，比如雪景；复杂的屋顶结构，比如古代建筑；立面的练习，比如不同时期、不同风格、不同民族的建筑；气氛的烘托，比如热闹的街景、节日舞会。诸如此类，勤于练习并且归纳记住，可以让我们的图纸更加生动并有感染力。

A3 幅面，0.2 毫米针管笔绘制线稿，PHOTOSHOP 上色。

2010.06.17

　　这是一张假日街景细节的写生练习。虽然在工作中大多时候绘制鸟瞰图我们并不需要将街景和环境画得如此具体，但是一次深度的练习绝对可以让你获益良多。屋顶的通风和空调设备、街头的公共设施与陈设、店铺的招牌、人们的活动内容等等，在写生的过程中对这些生活化的细节进行观察，可以使我们逐渐养成观察我们身边环境的习惯。像这样用心地去体会尺度与比例关系，最终都会转化在我们的画笔中。所以我认为刻苦的钻研技法虽然必要，但更重要的是要养成观察与归纳总结的习惯。

　　这张图是用 0.2 毫米的针管笔绘制于白色 A3 复印纸上，然后扫描进电脑用 PHOTOSHOP 打开，新建一个图层，模式调整为"正片叠底"，然后填充一个颜色。如果用滤镜简单做个纹理则更好。使用画笔工具，可选择一个较粗糙的笔尖，当然还要配合手绘板使用，就可以画出能够控制深浅与大小变化的线条。然后就像我们在彩色卡纸上用彩色铅笔那样去涂，最终可画出一张这样模拟传统彩铅技法的建筑写生练习图。其实传统的手绘技法，在电脑和数码设备充斥的今天，依然不会被淘汰。而我们用电脑努力模拟出来的效果，恰恰正是当年我们在褐色卡纸上画出线稿，然后用彩铅上色突出主体的方法。电脑与数码工具的广泛应用，只是让这种传统效果的实现更清洁与便利。

A3 幅面，0.2 毫米针管笔绘制线稿，PHOTOSHOP 上色。

BORDERS BOOKS

2010.06.09

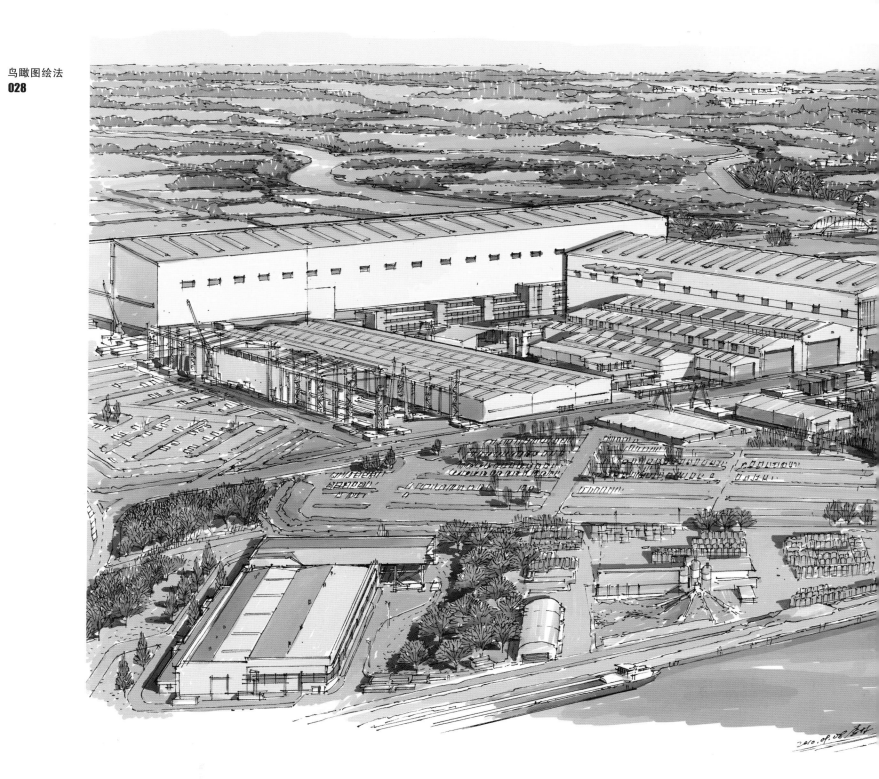

这是一张船厂的写生练习——德国迈尔造船厂，照片来自网络。对于这个题材，我是感觉到陌生的。船坞与河道的衔接关系、厂房建筑的尺度、工厂的机械设备布局与起重设备的结构等等，都是不常见到的。所以当我看到这张照片的时候便强烈引起了我的兴趣，既然是做练习，必然是要勇于挑战自己陌生的事物。于是我便用了大约7~8个小时绘制了这张图的线稿，过程中很多地方觉得不清晰，于是就在网络上找到其他角度的航拍照片以及厂区平面图来进行对比和确认，并且最终完成。由于船厂并不靠近城镇，所以在上色的时候，把远景的荒野和乡村公路进行了有层次的渐隐处理。在颜色上也是遵循"近处深，远景淡"的原则，让远景逐渐消失在地平线。而天空则用较轻的一笔带过，简略交代处理。线稿上色花费了6~7个小时。

一点心得：当进行对照图片的写生练习时，我们不必遵循照片上景物的固有色调进行完全再现，因为我们毕竟不是在进行绘画创作。写生的目的是让自己更多了解图片中的视角构图、物体的尺度和比例、对立面细节的描绘以及在自然界中呈现的色彩，从而做到积累视觉经验，做到今后在鸟瞰图创作的时候能够胸有成竹。所以当确定了主体的固有色相后，深浅、浓淡、冷暖的细微把握，就要结合平日自己所总结的经验和个人倾向来描绘。如果是用马克笔上色，因为可选颜色的限制，这种归纳与转换的能力更加重要——这样最终的成图才是经过自己思考与总结归纳的成果。

A3 幅面普通复印纸，0.2 毫米针管笔绘制线稿，PHOTOSHOP 上色。

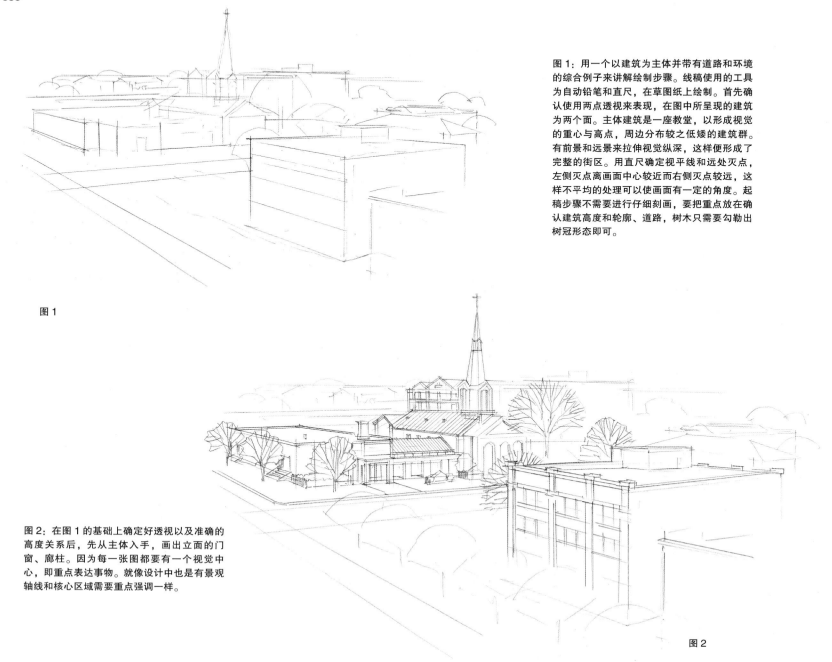

图1：用一个以建筑为主体并带有道路和环境的综合例子来讲解绘制步骤。线稿使用的工具为自动铅笔和直尺，在草图纸上绘制。首先确认使用两点透视来表现，在图中所呈现的建筑为两个面。主体建筑是一座教堂，以形成视觉的重心与高点，周边分布较之低矮的建筑群。有前景和远景来拉伸视觉纵深，这样便形成了完整的街区。用直尺确定视平线和远处灭点，左侧灭点离画面中心较近而右侧灭点较远，这样不平均的处理可以使画面有一定的角度。起稿步骤不需要进行仔细刻画，要把重点放在确认建筑高度和轮廓、道路，树木只需要勾勒出树冠形态即可。

图1

图2：在图1的基础上确定好透视以及准确的高度关系后，先从主体入手，画出立面的门窗、廊柱。因为每一张图都要有一个视觉中心，即重点表达事物。就像设计中也是有景观轴线和核心区域需要重点强调一样。

图2

图3

图3：这一步骤只需要耐心即可，要面面俱到地画出整个画面中需要出现的内容，平铺直叙，最终线稿基本成型。植物根据表现形式可以选择勾勒轮廓或者仅画出枝干结构两种方法：前者上色时采取颜色平涂的手法，用颜色划分明暗以及过渡。后者依据枝干形态，用颜色和笔触去画树冠形态，手法更加自然和写意。

图 4

图 4：如果时间充裕或者想让图面效果更加精致些，可以把线稿进行更深入的处理。这张图上用到两种方法，用排笔加调子和少量画出墙砖来突出质感。这些刻画主要集中在前景，遵循"近实远虚"的原则。虽然前景的细节处理超过主体，但是在后期上色中进行取舍来削弱前景，这样就不会跟教堂这个主体产生冲突。

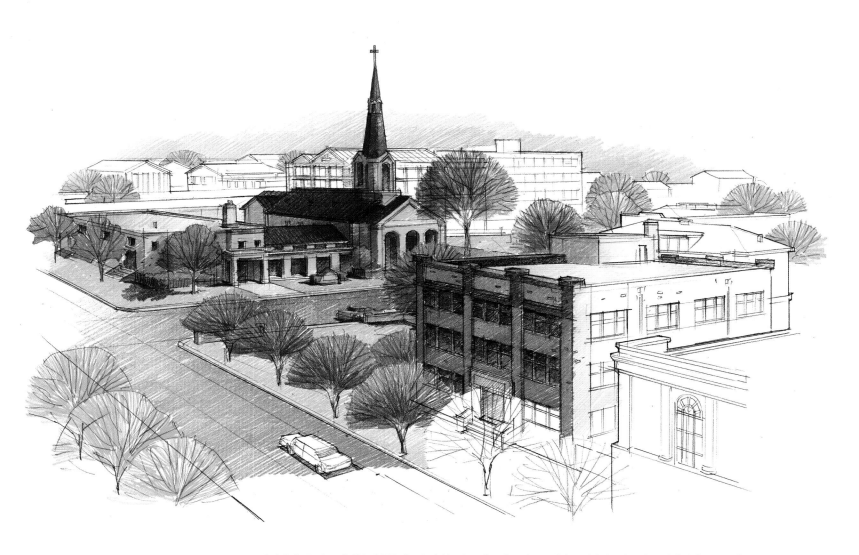

　　线稿完成后，如果条件允许最好先进行存档。如果徒手在原稿上面着色，稍有失误便使得之前的辛苦工作白费，所以扫描成电子文档留底或者复印一张线稿后在复印件上面着色是明智之选。这些工作方法上的细节往往容易被忽视，可是一旦出现意外，这样做就基本可以挽救之前的工作，从而节约时间，提高工作效率。

　　我选择的方法是扫描，用 PHOTOSHOP 上色，模拟彩色铅笔手绘的效果。绘制方法也跟传统彩铅的手绘方法相同，都是一笔一笔的排调子进行深浅叠加。其实对于电脑上色很多人可能有个认知误区，电脑本身并没有自己的风格，同样电脑也不是万能的，它仅仅是一个模拟的数字工具。我们还是需要着重了解画材和传统技法的练习，让电脑配合手写板成为我们的工具，可以自由地模拟和选择表达方式，从而提高工作效率。

　　在鸟瞰图的绘制中，画面不仅仅由道路、水系、建筑、植物等组成，丰富的配景也是让画面生动活泼的点睛之笔。比如绘制一张居住区的鸟瞰图，如果只画了建筑、道路、铺装、植被，其余空空如也，总是让人觉得少了些什么。如果加进诸多配景，比如散步的居民、庭院中的遮阳伞、道路旁停靠的汽车、墙边的花钵、广场上放风筝的儿童等等，这样整体便有了生活气息，因为这些景象就时刻发生在我们的身边，可以使观看者有认同感和共鸣。所以配景是需要练习的一环，并不要求刻画得栩栩如生，有时候寥寥几笔，勾勒出形态，便有了生动的感觉。

　　人类自古喜欢依水而居，而在景观中有了水，便有了灵秀之气。所以水在设计中是一个重要的元素，即使没有自然江河，在条件和资金允许的情况下，设计师也愿意制造人工水系来增加景观效果。所以我们在绘制鸟瞰图中，总是避免不了与"水体"打交道。水体看似简单平静，却是较难画的，尤其是大面积的水域，正因为"平静"，所以很难勾勒出形质，倒不如复杂的事物，比如狰狞的怪石，只要画出质感便八九不离十。

　　在平面图的绘制中，水体只需要一个蓝颜色，平涂即可，至多在岸线上用深蓝加重即可，因为一个颜色即是一个区域的划分。而在鸟瞰图中，色调深浅，偏蓝还是偏紫，倒影的轮廓和折射物的色彩形质，都需要仔细斟酌。

　　举个例子来简单说明一下水体的绘制。在线稿绘制完成后，水体的轮廓便确定了下来，水体的颜色要根据整体图面色调进行细微变化。比如时间：黄昏时刻可能就要在蓝紫色的基础上，呈现出金色的波光粼粼的效果。还有根据整体色调的浓郁或是清雅，来调整深浅。右侧这张图是用毡头签字笔绘制在 A1 幅面的草图纸上，扫描后PHOTOSHOP 上色（也可以用 PAINTER 等其他绘画工具上色，这个根据个人习惯），色调设定的比较淡雅，所以水体选择了天蓝色。选择这种色调的初衷并不是要追求逼真写实的感觉，反而想找一种平面图例的概念，只需要用颜色划分出物体的功能即可。绘制原则是大区域的开阔水面因为反光强烈，所以呈现较浅淡的色彩，需要加亮，细小涓流的颜色可以相对加重。根据阳光照射的方向，靠近岸边加一笔重色调，凸显驳岸的厚度和倒影。会所等中心建筑有渔人码头和亲水栈桥，除了岸边的一些水生植物的种植，在水面上还要加强建筑的投影。如果想得到逼真的倒影效果，除了轮廓之外，加一些建筑的固有色则会更好。

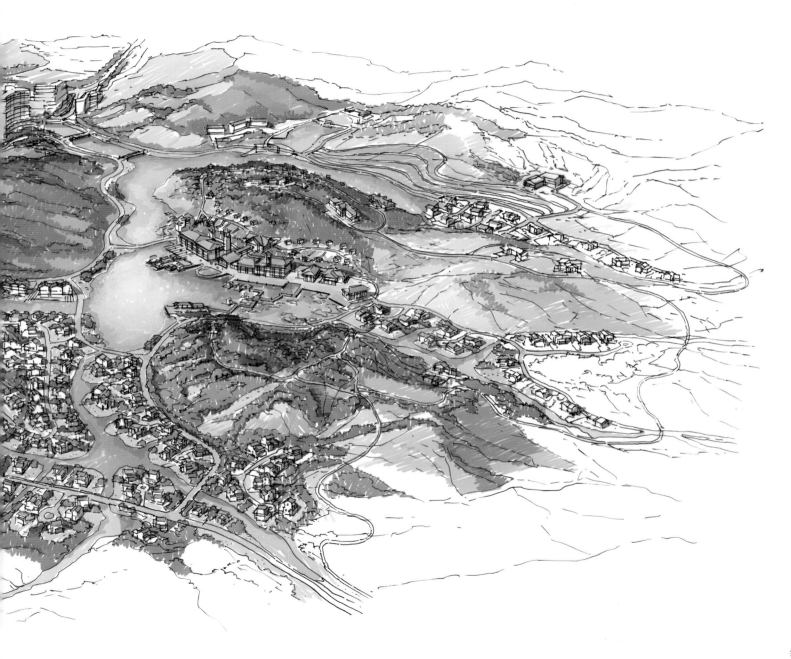

道路与铺装的表现，是鸟瞰图中比较基础的部分，但是也需要掌握一些基本的原则和规律。这张图是一个大学校区的景观设计，它的主干路都是规划设计中确定的。景观设计需要琢磨的是广场、楼间、停车等等的铺装设计。

这张图是我在2006年绘制的，风格上与如今有所差别，图纸尺寸是A2幅面加长，用了比较粗的毡头记号笔，整体看起来只有大的结构和基本轮廓，并没有过多的细节。铺装的绘制上也仅是粗略地表现了拼接样式。在这种尺度的鸟瞰图中，每一块砖难以画到精准的尺寸，所以绘制的网格可能会有些夸大，目的是说清楚拼装样式就好。但是如果到了画一个庭院景观的尺度，那么对于铺装尺寸的把握就要仔细。不同质地的材料表达、拼接方式、材料大致尺寸，都需要仔细斟酌，小尺度的空间放大后要给人以直观明确的效果。

在颜色的绘制上如图所示，大致就是平铺。根据阴影方向会有颜色深浅的过渡，产生简单的变化。与沥青道路的冷灰对比，砖石的铺装上大多偏向点暖色调。当然这是鸟瞰图中的色彩对比，满足一个视觉要求，比较概括化，具体细致铺装的绘制，还是需要根据设计材料的选择来确定色彩真实重现。

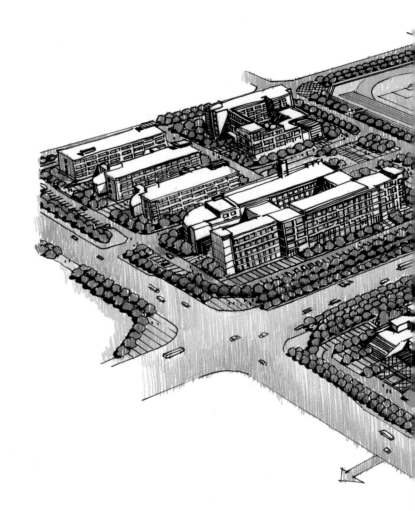

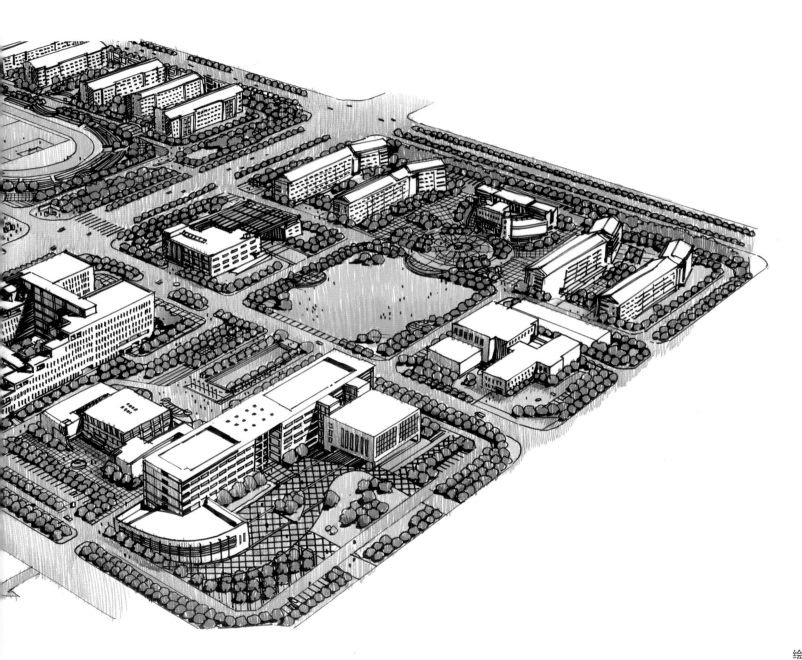

DEEPER
进阶篇

　　大多数时候我们在绘制一张鸟瞰图时，想要突出画面要表达的核心物体，就会在周围依次减弱淡化直至边缘结束，行成一个较自然的过渡——这就是突出焦点。这张铅笔绘制的教堂就是很明显的一个例子，用较夸张的黑白对比来突出主体——教堂。使用大量的笔墨来刻画屋顶外墙的质感，而周围的其他建筑，则用了白描轮廓来减弱，一繁一简造成了强烈的视觉对比。这样就可以一目了然地看到画面主体，也不会因为缺失周围的环境显得孤零。

　　在色彩的表现上也是同理。左图的铅笔素描建筑用了夸张的方式，而这张图的色彩处理用了比较柔和的手法虚化至边缘。我自己常用的方法有两个：一是通过笔触的疏密来体现，比如屋顶，像画素描排调子那样由密到疏，形成过渡。二是通过降低物体自身的对比度，比如边缘的树木，只用一种颜色，对照画面中心的树木有深浅两种绿色来叠加省略了重颜色。这样立体感降低，也是边缘虚化过渡的一种办法。

S T O C K H O L M

　　在一张精细准确的鸟瞰图绘制前期，都是需要至少一遍的草图绘制。以此图为例，我个人的习惯是首先用铅笔在一张较小的纸张上绘制很粗糙的草稿。幅面越小则越容易把握和控制——因为可以用更小的视界看到更全面的物体。这样可以更好地感受场地整体的地形、建筑布局、道路关系以及对未来成图效果有个预期估计。这个步骤不要把精力放在细节上，整体感觉才是关键。这个原则跟创作大型雕塑作品的雕塑家一样，一张远远超过作者身高的雕塑作品，肯定是要捏一个小样来作为前期研究，这样才可以更容易确认和把握最终成品的整体效果。

　　而草图的绘制方法和工具多样，这个根据个人喜好和习惯有所不同。铅笔、钢笔、马克笔都可以。我个人比较喜欢削得扁平的8B铅笔来涂出明暗对比强烈的草图，道路和建筑部分可以立着笔尖以获得较细的线条。或者干脆用自动铅笔来勾勒，这样粗细相间的对比快速而酣畅。而使用钢笔勾勒排列自由的线条，也不失为一种传统的感觉。用灰色马克笔由浅至深的轮廓绘制法，也是一个很好的思考过程，这种方法在本书后文中会举例讲解。

做一个范例说明，这是一个艺术家小镇的规划设计。从流经场地的河道引水形成自然形态水系穿插其中，中间贯穿东西的高压电塔将场地隔为南北两部分。南部为艺术家工作室及画廊、美术馆、青年艺术培训中心等融为一体的公共区，北侧场地为地产项目私密区。

在方案图平面绘制完成后，开始绘制一张总体鸟瞰图。我首先绘画一张草图来将场地"立体化"，用 A4 幅面的草图纸，8B 铅笔先勾勒出红线范围内的场地和道路，然后依照水系来划分岛屿、平台和广场，然后很笼统地画出建筑（这一步骤中不需要将建筑立面勾勒得很细致，过早地陷入细节往往会失去整体感），再用铅笔的侧锋铺粗犷的调子来表现树林和植被，最终给建筑加上阴影。颜色很黑，这样形成的对比度也很高，使得立体感更强烈。

如果想更进一步明确地表达，也可用马克笔简单地上色。首先是水系，其次是草坪，然后是中心区铺装、树木。不需要全部涂满颜色，三到五种颜色即可，只需要将整体关系表达明显。在绘制草图的过程中，快速表达是第一位的。这个阶段是为下一步做准备，使自己的脑中有个基本印象，而不是最终完成品。

对于快速表现，马克笔是一个很适合的工具。具有颜色选择相对丰富、使用和携带方便、宽大的笔尖绘制快速等很多优势。而我个人习惯了电脑上色，偶尔用马克笔快速表现，则另有一番滋味。当然这两种方法并不好分出优劣，合理并存才是道理，我们依据各自不同的特质和优势进行多样化选择。

举例说明：相同一个场地，别墅区入口景观，带局部高尔夫练习场。左侧的图是手绘线稿，PHOTOSHOP 上色，上色耗时大概 5 个小时左右，可以自由控制色调，或者清雅或者浓郁。而 PHOTOSHOP 上色的好处就是方便后期修改。只要绘制的时候分好图层，保存好 PSD 文件，就可以在方案调整后随时修改。右图为针管笔线稿，马克笔上色，上色耗时 1 个小时左右，采取平涂的方式。虽然变化简单，但是手绘的质感和快速是它的优势。所以综上所述，根据工作的时间安排和深度要求，来选择合适的方式。

这个方法是用马克笔直接平铺，再用针管笔勾勒轮廓的快速表现方法。硫酸纸+AD牌马克笔，以暖灰作为前景，冷灰作为背景。一般用2号或3号来起稿，因为很淡，所以可以随意挥洒并做出调整。找出大致的轮廓，这样不容易紧张，很方便轻松起稿，因为灰色很浅，即使偏离些也无所谓。

有了底稿后，虽然场景比较复杂，透视不明显，但是有了马克笔的轮廓就很容易起稿。这一步骤不需要把精力放在刻画细节上，只要建筑群体的关系表达清楚即可，背景大致画出不同建筑的轮廓。

有了之前两步的基础，这样成功的几率就非常高了。很随意地徒手推画，并不是一个好办法。因为没有整体感的考虑，非常考验基本功。推画的过程中差之毫厘，最终会失之千里——核心为三个字：要严谨。

这一步基本就完成了，线稿简单画些调子，用6号或者7号灰加深一下阴影立体感。我这张没有太细致地刻画，这更像是一张速写。其实画画不必拘泥技巧与形式，用自己的理解去描绘眼睛看到的，才是自己的画。

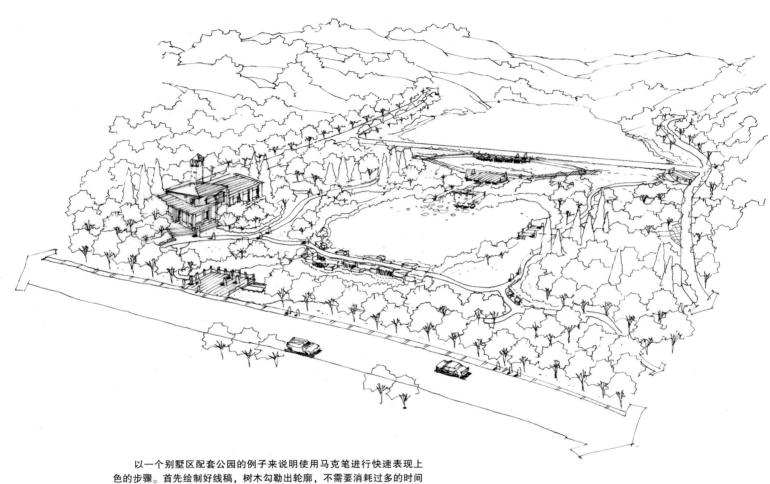

　　以一个别墅区配套公园的例子来说明使用马克笔进行快速表现上
色的步骤。首先绘制好线稿，树木勾勒出轮廓，不需要消耗过多的时间
来画枝叶细节。园区结构比较简单，中心为湖面，环路绕之，北侧以水
坝拦住，水坝以南则设计场地，远山进行简单轮廓勾勒，不规则的线条
处理表示山体和树木。

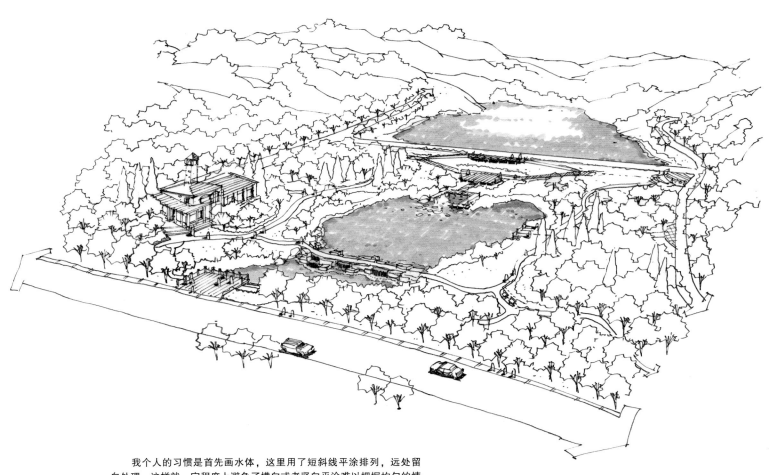

　　我个人的习惯是首先画水体，这里用了短斜线平涂排列，远处留白处理，这样就一定程度上避免了横向或者竖向平涂难以把握均匀的情况。然后用一个较重的蓝色简单加深一下岸边的倒影。

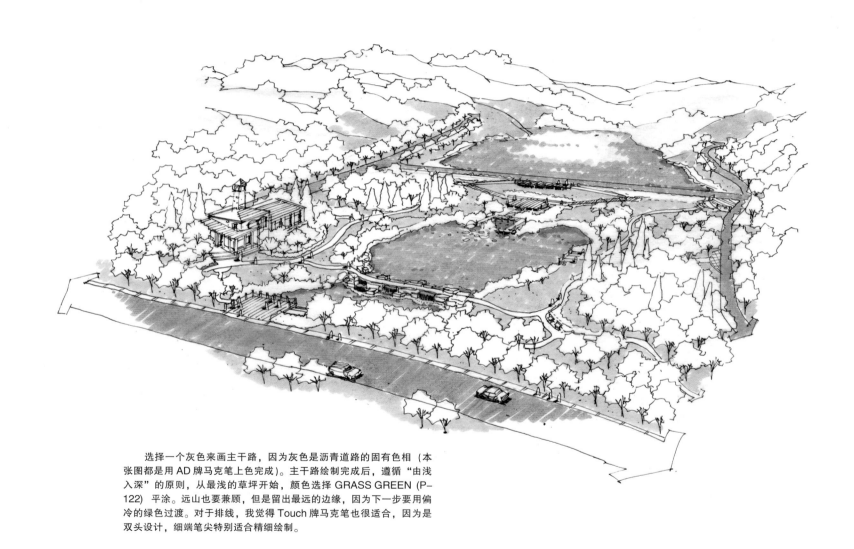

　　选择一个灰色来画主干路，因为灰色是沥青道路的固有色相（本张图都是用 AD 牌马克笔上色完成）。主干路绘制完成后，遵循"由浅入深"的原则，从最浅的草坪开始，颜色选择 GRASS GREEN（P-122）平涂。远山也要兼顾，但是留出最远的边缘，因为下一步要用偏冷的绿色过渡。对于排线，我觉得 Touch 牌马克笔也很适合，因为是双头设计，细端笔尖特别适合精细绘制。

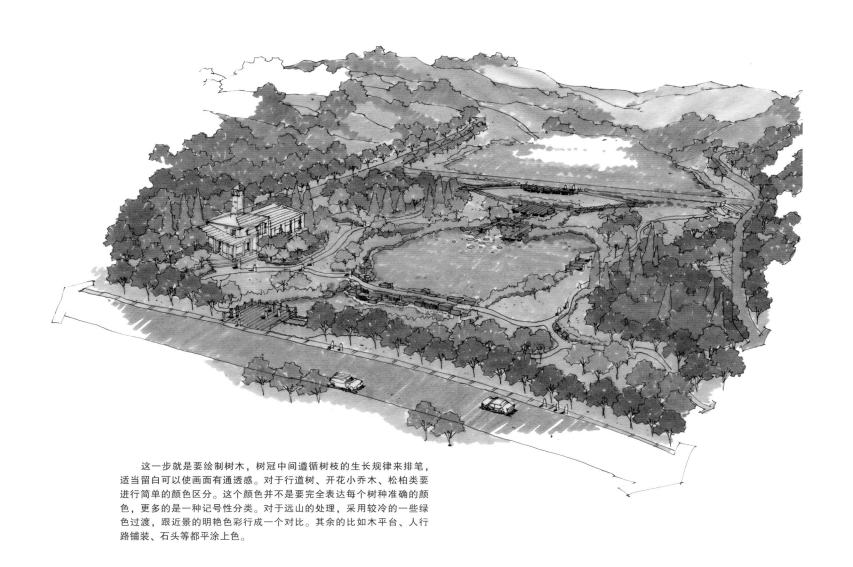

　　这一步就是要绘制树木，树冠中间遵循树枝的生长规律来排笔，适当留白可以使画面有通透感。对于行道树、开花小乔木、松柏类要进行简单的颜色区分。这个颜色并不是要完全表达每个树种准确的颜色，更多的是一种记号性分类。对于远山的处理，采用较冷的一些绿色过渡，跟近景的明艳色彩行成一个对比。其余的比如木平台、人行路铺装、石头等都平涂上色。

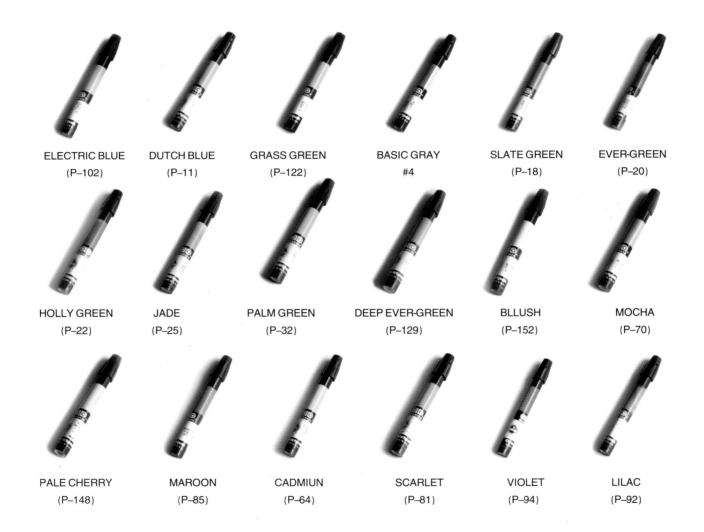

ELECTRIC BLUE	DUTCH BLUE	GRASS GREEN	BASIC GRAY	SLATE GREEN	EVER-GREEN
(P–102)	(P–11)	(P–122)	#4	(P–18)	(P–20)
HOLLY GREEN	JADE	PALM GREEN	DEEP EVER-GREEN	BLLUSH	MOCHA
(P–22)	(P–25)	(P–32)	(P–129)	(P–152)	(P–70)
PALE CHERRY	MAROON	CADMIUN	SCARLET	VIOLET	LILAC
(P–148)	(P–85)	(P–64)	(P–81)	(P–94)	(P–92)

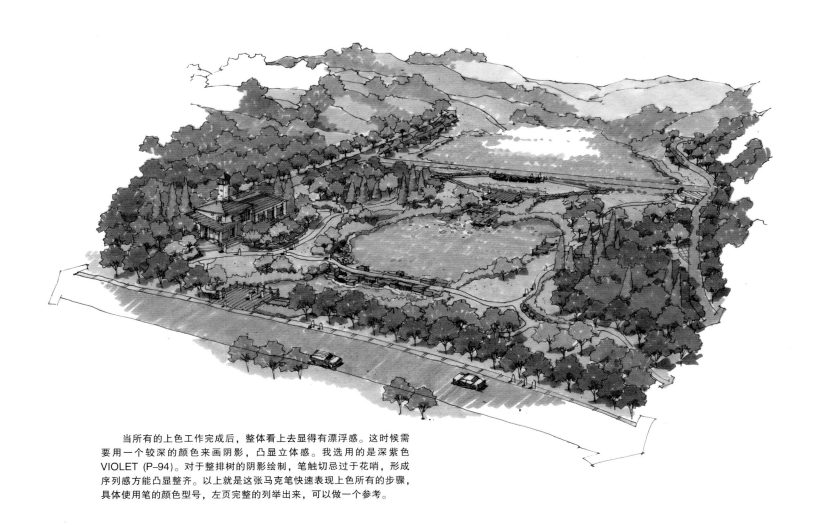

当所有的上色工作完成后，整体看上去显得有漂浮感。这时候需要用一个较深的颜色来画阴影，凸显立体感。我选用的是深紫色 VIOLET (P-94)。对于整排树的阴影绘制，笔触切忌过于花哨，形成序列感方能凸显整齐。以上就是这张马克笔快速表现上色所有的步骤，具体使用笔的颜色型号，左页完整的列举出来，可以做一个参考。

凡是热爱画画的人，对于自身技艺和修为的提升都是一个永远追逐的目标，并且有一个永不懈怠的动力。所以自然少不了闲暇之余不停地练习，写生自然成为一个非常行之有效的方式。因为旅行并不是随时随地可以实现，所以利用照片写生，则是一个简单易行的办法。在网络时代，搜集优秀图片的渠道有很多，无论是风光摄影，还是城市游记，只要是第一眼在自己的脑中产生"画面感"和"绘画的欲望"，就可以用作练习素材。

这张图绘制在 A3 幅面的白色复印纸上，首次尝试使用了漫画家常用的蘸水 G 笔尖。虽然不习惯，但是不失为一次很有趣的体验。因为蘸水笔可以绘制比一次性针管笔更加细腻的线条，这就为深入刻画提供了保障。利用直尺，断断续续画了 3 天，用时约 20 个小时以上。虽然是一次漫长的挑战，但是完成后还是十分有成就感的。这种深入练习，可以锻炼自己的耐心，因为画图本身就是一个需要"定力"的事情。有过几次长期作业的经历，便可以总结出很多调整自己心态和情绪的经验。更重要的是，细腻的刻画可以提高自己的技术，就像经过长期素描练习之后，对于形体的把握自然会有一定的提升。

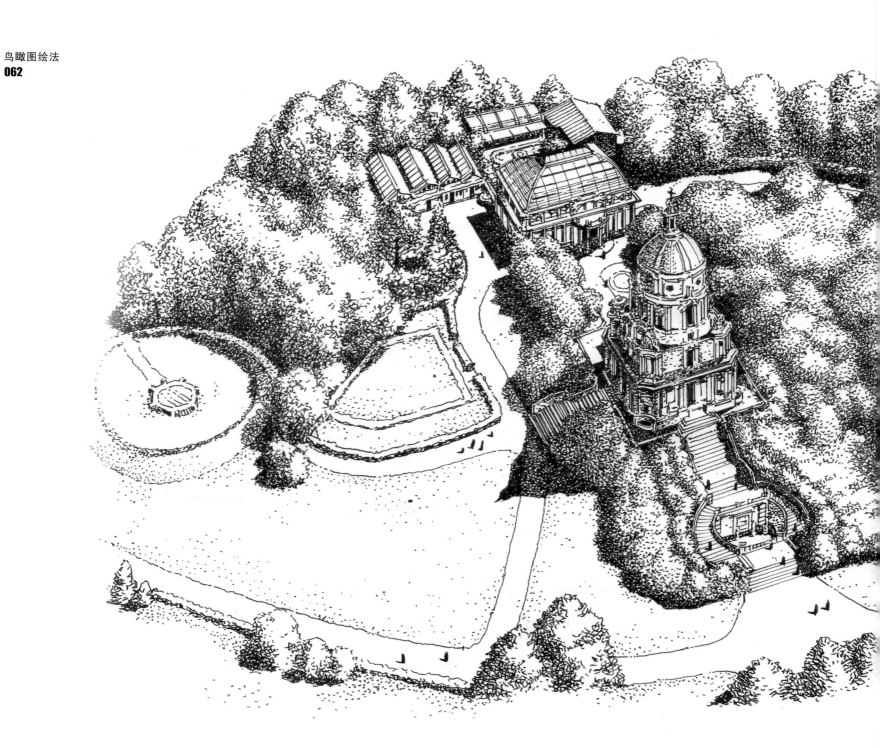

　　对于技法的多种尝试，是保持创作欲望长久的源泉。而一旦形成固定的个人风格，固然是一种成熟的表现，但我们还是不要失去探索和创新的精神。成熟的模式对于工作足够，但是对于热爱画画的人来说，探索新鲜的事物，不断提升自己，才是最令人兴奋的挑战。

　　这张图用 LAMY SAFARI 笔绘制在普通 A3 复印纸上，算作是一个业余时间的练习。先用铅笔淡淡地画出底稿，然后用钢笔采用"点彩"的方式，用墨点的疏密排列，来刻画出树林的立体感，树种用形态进行大致地区分，建筑花费了较多的笔墨来绘制，阴影是整个图面中最浓重的部分，草坪则是轻轻地点到为止，而庄园的道路就是勾边留白。整张黑白图用时大概 12 个小时。其实对于这种时间较长的作业，可以不要一口气画完。因为连续超过 10 个小时的工作会比较消耗精力，而久坐对身体健康也有负面影响。我的建议是不如将 12 个小时分成 3 次或者 2 次，根据自己的时间安排做好计划，每天坚持抽时间完成约定工作量即可。

　　这张写生作品还有一个小故事。我在 2008 年出差从重庆返回北京的途中，飞机遭遇雷雨天气，无法在首都机场降落，只能选择绕路济南。在济南的候机大厅里等候到将近半夜 12 点，没办法只好打车去市区随便找了个宾馆休息。由于第二天订的是下午的飞机回北京，上午百无聊赖，趴在窗口朝下看打发时间。忽然就发现了济南这个城市新旧交替的面貌。远处现代化的高楼和豪华酒店同近处密不透风的老屋胡同隔街向望。这是一个很有"画面感"的景象，于是在 A4 纸上用铅笔画了个线稿，近期才翻出来重新上色完成。有人说音乐、画面都可以让人回忆起特定时间、特定的人物、特定的事情，这张画虽然没什么精彩之处，但是看到它的时候，对于自己确实是一个很有趣的回忆。

这两张图都是 A4 大小的铅笔写生。左图用了强烈的黑白对比来拉开近景与画面中心的层次，而湖面和远山则淡化过去，形成过渡。右图是一副雪景。对于雪景的表现，最好的方式是留白，通过加强木质房屋的立面颜色和质感，强调边缘来突出屋顶厚重的积雪。

　　城市是人类的聚居地，它是丰富多彩、具有多面性的。对于我个人来说，中国当代城市千人一面的样貌实在是枯燥，不及充满传统气息的小镇更有魅力。无论高楼大厦、水泥森林、田园野趣、热带风情，都有自己独特的面貌和名片，都是值得去体验、去描绘的。而对于设计工作者来说，研究不同文化、不同特质的城市并且去吸收学习，无论是成功的经验还是失败的教训，都是一个很好的经验积累过程。这一章节我选择了一些曾经不同时期画过的作品，呈现了不同城市各自不同的面貌和格局。

Singapore
Cityscape
View . 2012

　　"从城市来到山里是个明智之举，因为你已经受到先哲的教诲，懂得了人生在世的道理，再出去寻道就会还得一切真理。如果一直在山里的话，就接受不到各种人世的哲学，哪怕一辈子在山里，也不能开悟。"

　　这是令我印象深刻的一段话，出自英国历史学家汤恩比和日本哲学家池田大作合著的《展望21世纪》一书。虽然跟如何绘制鸟瞰图没直接的关系，但是却给了我很多启发，在脑中盘绕很久的杂乱思绪仿佛一下子清晰了很多。

　　在设计中，如今很多都是在提倡恢复自然，追求野趣，节能与生态。湿地公园比比皆是。可是湿地作为"地球之肾"是远古的存在，真正的湿地是不需要人类去设计的，人工的栈桥和观光其实已经破坏了湿地的原始面貌。人类因为破坏了，失去了，才会回忆起当初的美好。就像从未体验过城市的便捷与繁华，便总是心存着向往。但真在城市里久了，却又感觉喧嚣与浮躁。每日幻想着仰望无际的明朗星空，雨后呼吸感受一下泥土和野草的芳香，听一听秋虫的悦耳鸣叫。这便又像极了钱钟书先生经典的《围城》，城外的人想进去，而城里的人想出来。虽然钱钟书先生的"城"不是特指"城市"，但这种逻辑恰恰不正是如今都市真实的状态吗？城市建筑的高容积率让自然的空间变得奢侈与狭小，但是如果没有这种"失去"，我们就无法认清自然对我们生活的重要性。如果一开始我们就生活在山中，未曾有过喧嚣和浮躁，也就对身边那自然的宁净少了尊重。很多建筑师、设计师如今都把还城市以自然，从人们需求的角度去重新审视设计并且不断探索。这种努力与进步，难道说不是一种开悟吗？

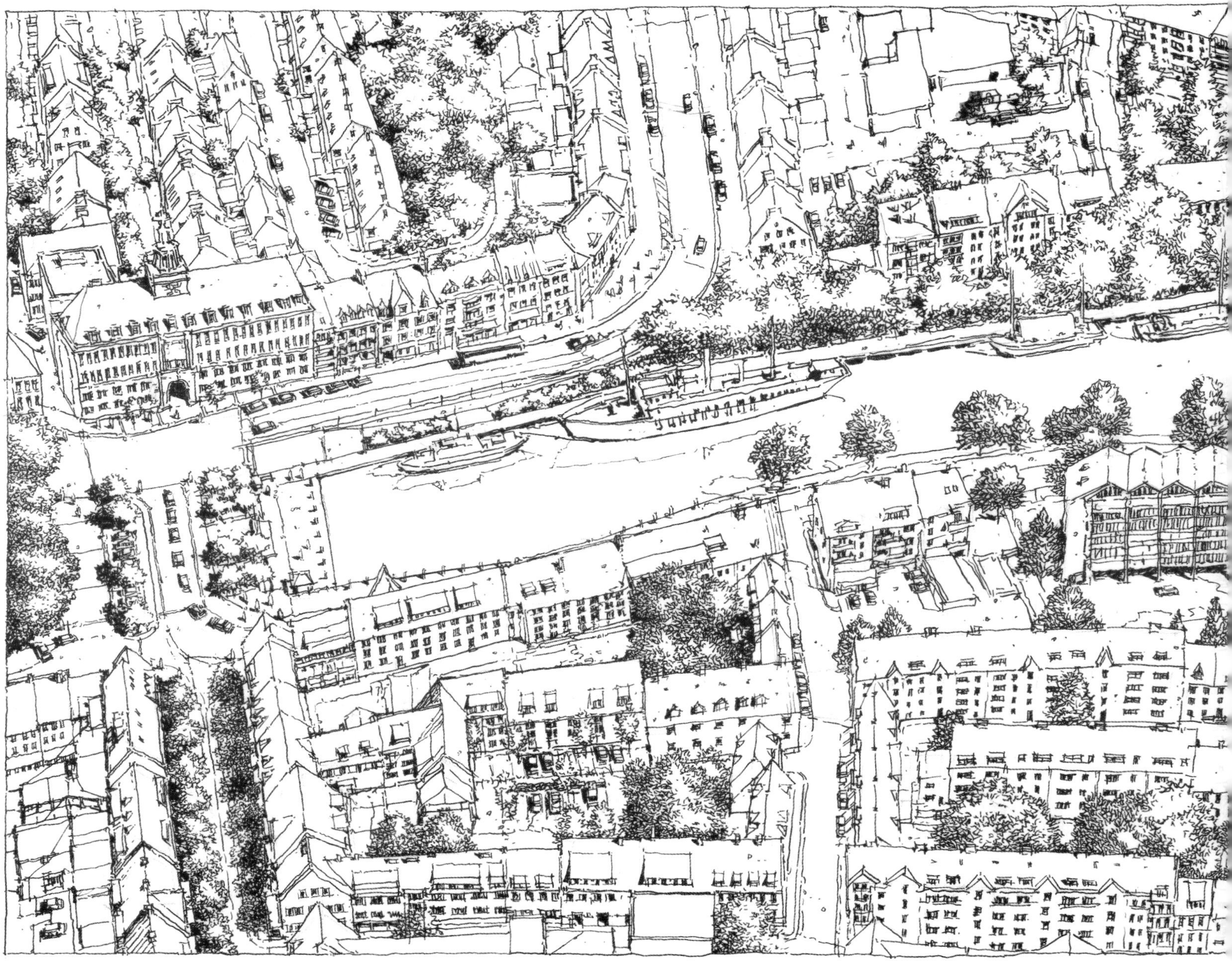

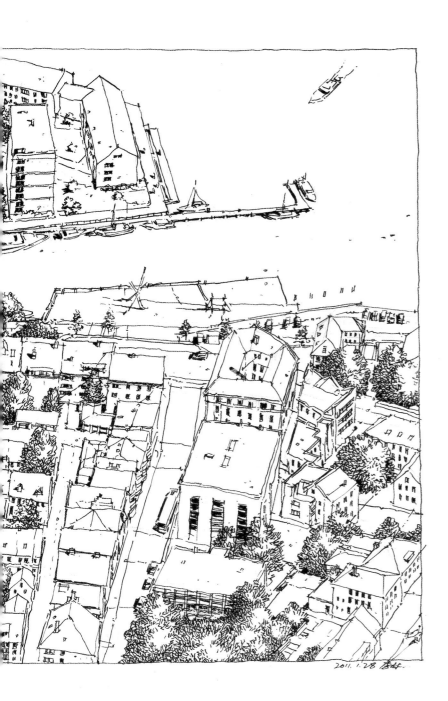

这张图是使用蘸水笔绘制在 A3 加长幅面的草图纸上，采用平铺直叙的白描手法。本来想上色，但是突然觉得这种朴素的白描也别有味道。画的过程中令我感受颇深，除了欧洲老城传统的房屋排列方式外，将河道引入城市可能是曾经码头的功能需要使然，但是这种引水入城的方式如今却被很多景观设计所借鉴，这不得不说也是一种传承与转换。所以在照片临摹的过程中，虽不能踏足世界，但是却总是有细微收获。而鸟瞰图并非仅仅是一种表达设计成果用的图纸，它更是一种审视的态度，画画即是作为一个思考的重要过程而存在。

在鸟瞰图的绘制过程中，尤其是规划设计的鸟瞰图绘制，场地总是要与自然山川河流相衔接的。所以我们仅仅掌握了建筑、街道、种植的绘制方法是不够的。电脑效果图可以使用 PHOTOSHOP 进行贴图拼接，但在手绘图中却要实实在在去画。这一章节主要讲述就是一些对于自然环境的绘制，比如河流、湿地、农田、山脉、森林等等，进行一些有针对性的练习，我认为是十分必要的。

所有例图都是手绘线稿，第一张是钢笔线稿，其余则是铅笔稿扫描后用 PHOTOSHOP 画笔工具上色。对比可以看出，PHOTOSHOP 上色的色调更加清雅自然，因为 RGB 的色域空间选择性非常大，可以随心所欲地控制色彩。而马克笔的快速与便捷性则是它的最大优势。

　　上图是农田的绘制练习，需要注意的是农庄的分布，田地的分割，而不同的颜色表达了不同作物。上色时可以依据一定的笔触规律来绘制，不要完全把颜色平涂填死，留有一定的"透气"空间。

　　上图绘制的是山脉下风景如画的小镇，重点在于山地的表现，远山最高峰过雪线后呈现出蓝白的冰雪。上色的基本原则就是由近及远和由低至高，呈现的色彩是由暖变冷。房屋不规则分布，阴影也是近处强烈，形成一个层次。对于天空和云的绘制，颜色忌过于鲜艳，而高空的蓝要深于地平线附近，云朵的底部是要有一个阴影才更加真实。

OPERATING
实际操作篇

　　"迷你社区"主题乐园项目。以"儿童模拟城——角色扮演"为核心思想，结合部分儿童游乐设施及家庭亲子互动项目，力求打造区别于周边市场并极具竞争力的特色乐园，营造出一个美丽的后花园，为社区提升品质和档次而服务。园区的规划设计考虑到"迷你儿童社区"这一需要，是重点突出的项目内容，因此在进入园区的主入口后设计了一条"魔法街道"。这条街道和"魔力时间广场"的设计，既凸显了主题特色，又巧妙地将绿化种植穿插其中，使社区的形成"散而有序"，满足了客户的绿地要求。方案中还设计了一条全园环线，将每个特色区域都连接起来，使有特定需求的客户能一气呵成地进行游玩。

　　首先是绘制草图，根据要表达的重点内容来选择合适的视点和角度。前区是园区大门以及商业街，中心为"魔力时间广场"，也是整个园区的核心区域，所以要正面的、重点地表达。草图绘制的尺寸不需要特别大，以便更容易地控制画面。这一步骤的重点是梳理场地和建筑物的关系、设备和建筑的比例尺寸。图纸可选用 A3 左右幅面，最大不超过 A2 为适宜，然后扫描并在 PHOTOSHOP 中简单着色，也可以不着色（参见之前"草图"一节）。我个人的习惯是将水面和道路场地标记出来，可以更清晰地查看不同区域之间的布局和流线关系。

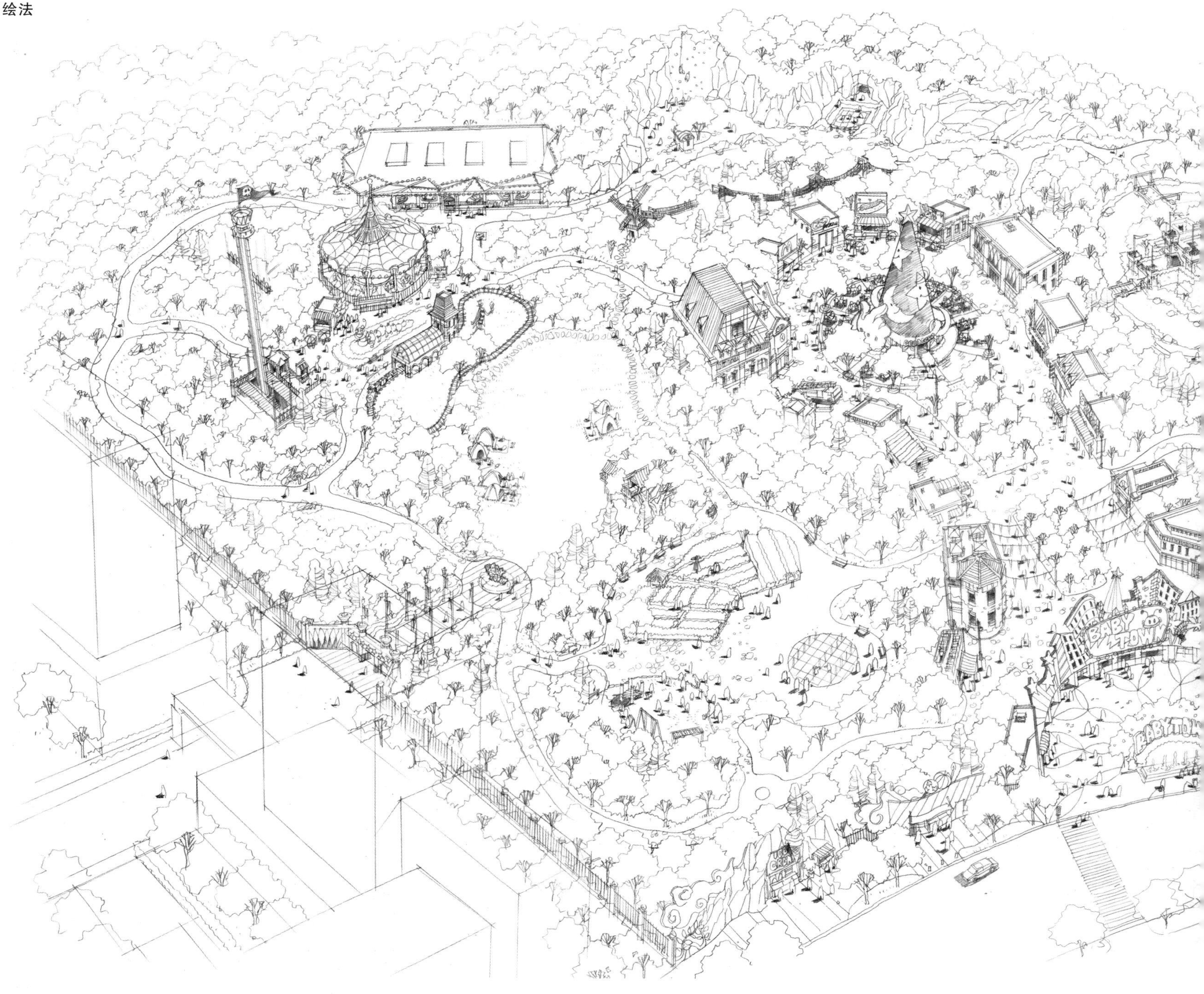
BABY TOWN
BABY TO

　　草图确定后，需要将草图扩印或者扫描后打印成需要的尺寸大小作为底子，因为图纸空间越大，越可以容纳更多的细节。而在设计文本中，鸟瞰图绘制得精细，就可以通过不同局部的截图，来配合平面图说明方案，使得方案能够有个直观效果。本图为 A1 加长，然后用草图纸在底图上将正稿完成。使用铅笔绘制，重点是在绘制游乐设施的时候，最好参照设备实物照片，以求得更真实的结构。这一步骤需要认真的态度对待，力求准确，建议用铅笔浅浅地画草稿，然后再加深重复描制，总之这是一个考验耐心和毅力的工作。

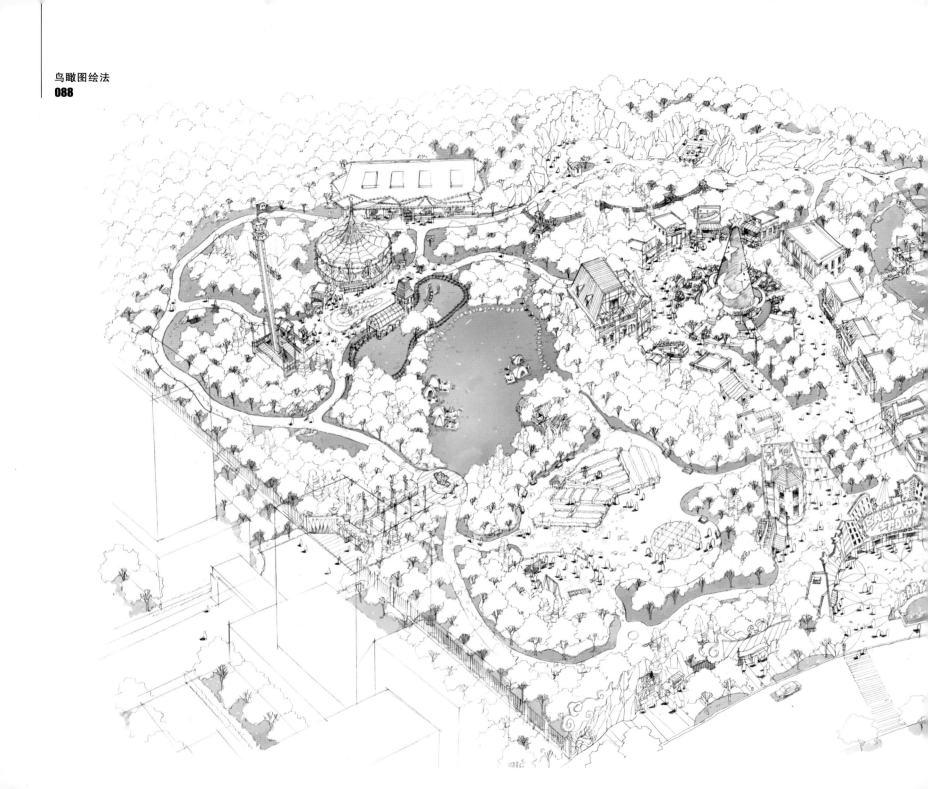

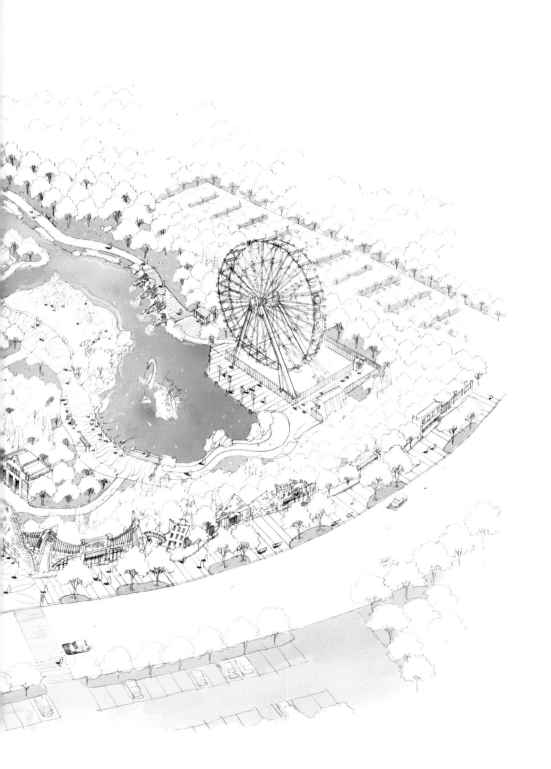

　　我总结出来比较好的办法是分层上色。在PHOTOSHOP 中打开扫描后的正稿，新建一个图层，模式为"正片叠底"。我的习惯是首先从水系和草坪开始，当颜色涂满之后，可以"载入选区"，用加深和减淡工具来调节草坪的浓淡深浅，使得有立体感。核心地带草坪颜色稍明艳，边缘逐渐向灰调处理进行过渡。分层上色的好处显而易见，后期修改可以更容易在不同的图层上完成，而不至于"牵一发而动全身"。往往在绘制工作中几乎很少一次定稿，因为方案也在不断地调整和完善，所以为了后续的修改工作，尽量减少重复劳动。

　　草坪绘制好后再建立一个图层，模式依然调整为"正片叠底"。以后不同的颜色图层皆以此类推，将道路和场地铺装填满。注意市政道路和园区道路材质的不同导致的颜色差别，再稍微变化一下涂装的变化，因为是概念方案设计阶段，而且是大尺度，所以不必过于追求铺装的真实比例和细节，把握好整体铺装样式和色调效果即可。

　　画树是一个比较重要的步骤，这关系到整张图的大部分色调。画树并不要一味地平涂绿色，这样会显得简单死板。要注意区分不同树种的基本色彩差异，排笔的方式也要依照树木枝干的生长走势来进行发散式排笔。还是依据"中心浓郁，对比强烈，四周灰调过渡"的原则，注意树冠中有留白才更生动。色彩鲜艳的观赏树种集中在游客最多的核心区域以及入口处。

当几个图层的大面积的颜色画完之后，注意之间不要叠加混乱。比如把一部分树的颜色画在铺装的图层上，这样的后果是如果将来要修改或者整体调整会造成疏漏，而且颜色之间的叠加也会产生变化。商业街建筑的颜色比较复杂，因为有主题游乐性质，用色一般都比较夸张鲜艳，所以留在最后进行细致刻画。同样墙面的颜色要考虑到光源的方向进行明度的差异变化。这一步骤十分考验耐心，不能画得雷同，但也不要某个过于出挑。在招牌和店面的设计上，也依据不同的职业扮演有所考虑。

最终整体绘制出阴影。本图的光源设置在东方，所以阴影都投向西侧。要注意阴影方向的一致性，树的冠型和建筑的轮廓，在阴影中都要真实地反映出来，包括阳光透过树叶形成星星点点的光斑，都应有所体现。最后储存为 PSD 格式文件以便保存，然后另存为一张 JPG 格式图片，再稍微调整一下色阶和对比度，使图更清晰更鲜亮。至此，一张游乐场设计的鸟瞰图的绘制全部完成。

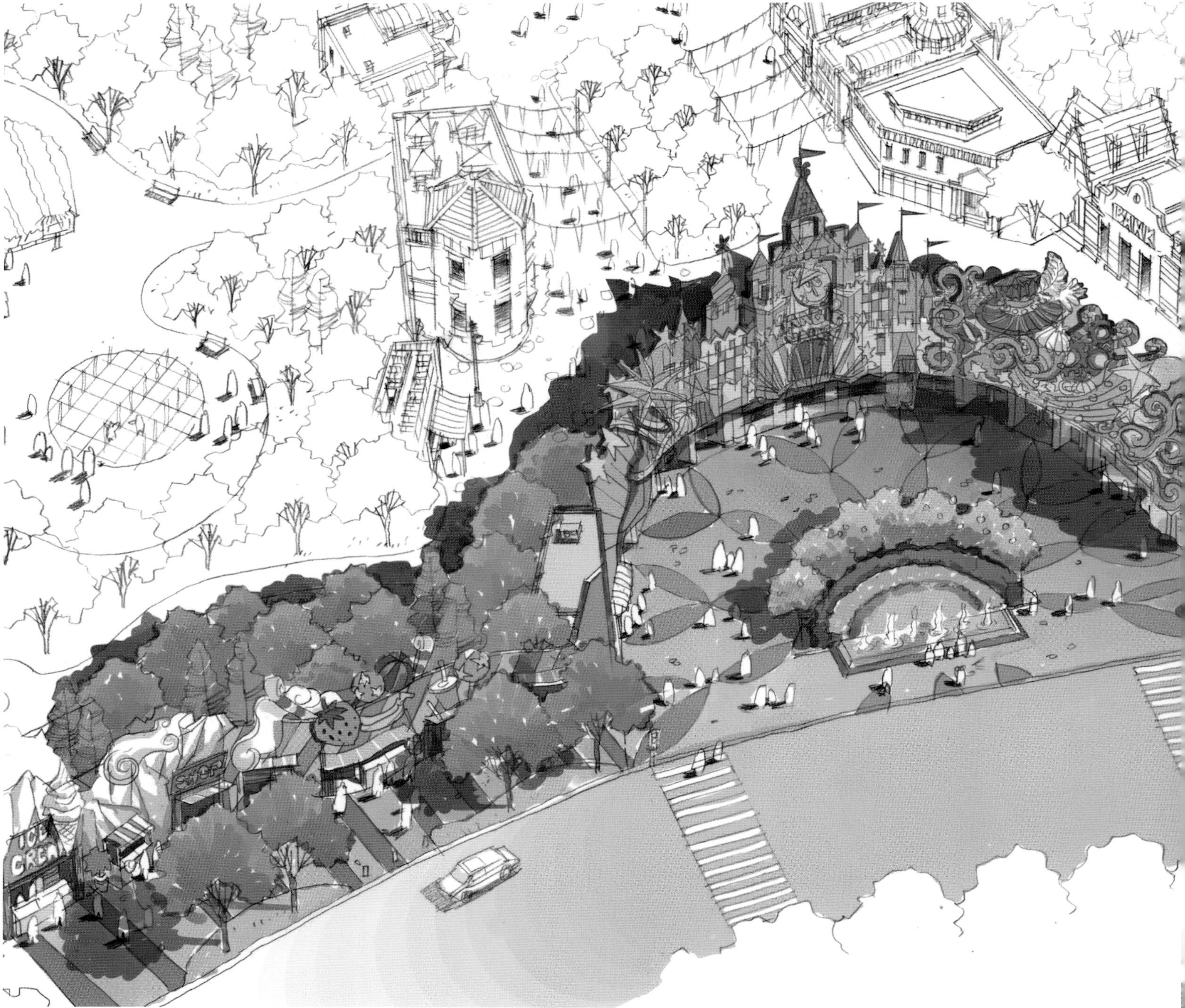
SHOP
BANK

在绘制的过程中，大门被要求做出两个方案进行对比，结构方式是相同不变的，变化的基本就是图案样式以及 LOGO 位置。这种绘制过程中的修改是比较常见的现象，所以之前提到的分层绘制当下就显得非常实用了。在线稿层用手写板擦掉原稿重新绘制，然后相关的逐层修改色彩，这样的"打补丁"方式可以节省很多精力。这一张是修改之后的方案二，整体相对于方案一显得比较规整气派，城堡的造型产生了强烈的视觉中心，高点与轴线相呼应，用了很多夸张的元素符号。

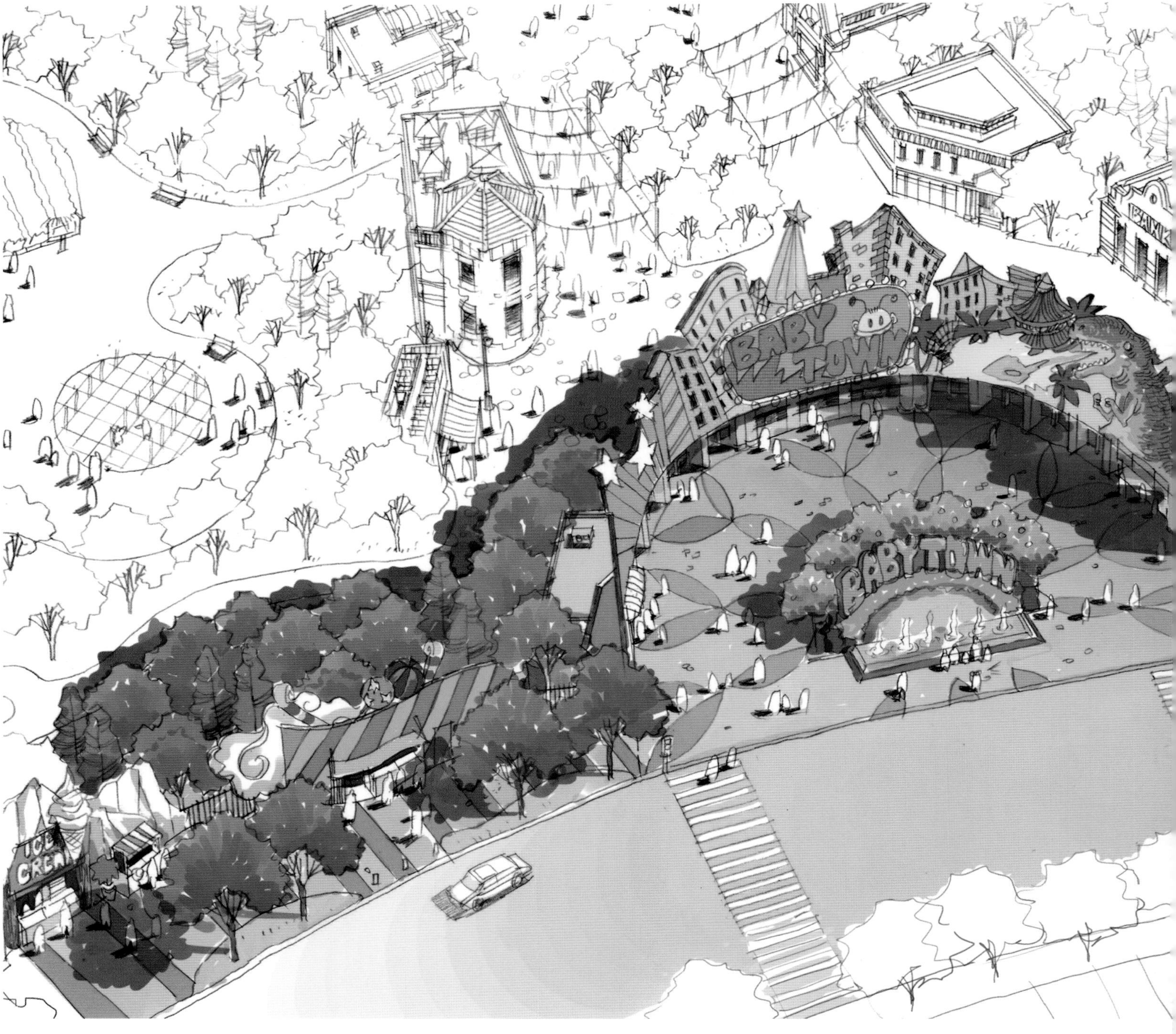
BABY TOWN
BABYTOWN
BANK
ICE CREA

这张是原始方案，也就是方案一。因为线稿整体用铅笔手绘出来，所以衔接相对于修改后更自然。我个人比较喜欢这个大门方案，构思的初期就是想使得周边商业街的建筑和招牌与大门形成一个有机的整体，所以一些元素与扭曲夸张的建筑立面装饰画都是相同的模式，视觉上整体也比较协调。

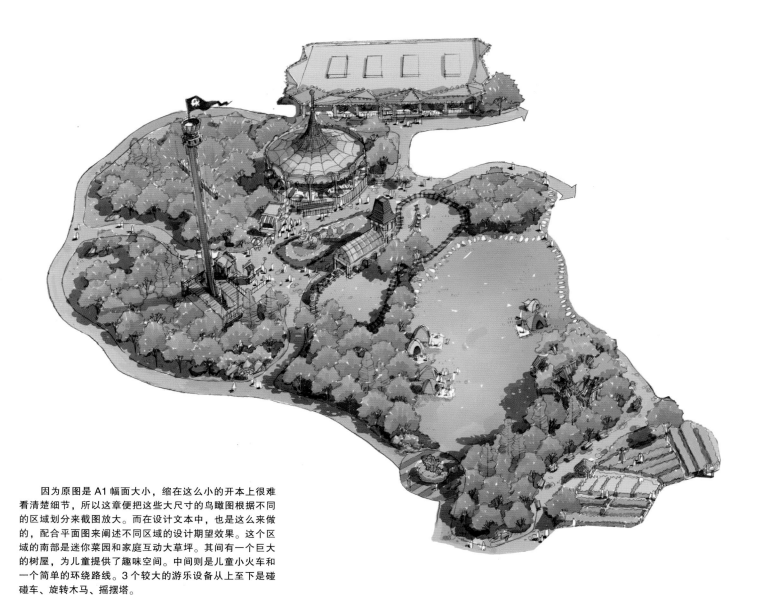

因为原图是 A1 幅面大小，缩在这么小的开本上很难看清楚细节，所以这章便把这些大尺寸的鸟瞰图根据不同的区域划分来截图放大。而在设计文本中，也是这么来做的，配合平面图来阐述不同区域的设计期望效果。这个区域的南部是迷你菜园和家庭互动大草坪。其间有一个巨大的树屋，为儿童提供了趣味空间。中间则是儿童小火车和一个简单的环绕路线。3 个较大的游乐设备从上至下是碰碰车、旋转木马、摇摆塔。

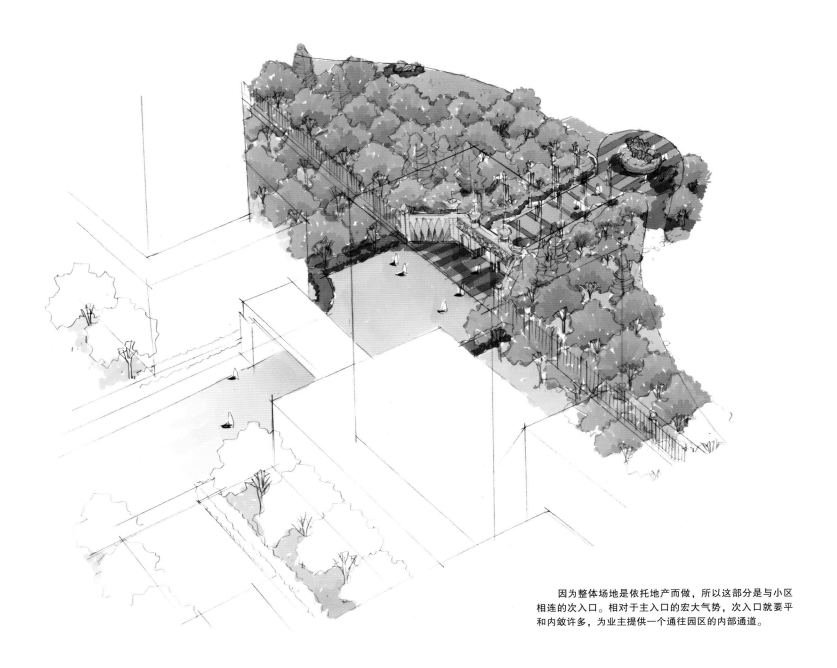

因为整体场地是依托地产而做，所以这部分是与小区相连的次入口。相对于主入口的宏大气势，次入口就要平和内敛许多，为业主提供一个通往园区的内部通道。

　　这个区域是整个园区的核心地带——"魔法时间广场",核心是一个巨大的魔法帽装饰的餐厅,满足游人休息和餐饮的需求。而整个社区的核心概念是"迷你社区"。就是让儿童扮演各种社会职业,亲自参与的工作也大多是以游戏的形式。所以在"魔法时间广场"环绕着不同装饰、不同功能的建筑为孩子们提供工作,如警察局、小剧场、商店、快餐店、邮局等等不同职业场所。

　　园区最北端是攀爬区和考古挖掘区，为富有探险精神的孩子准备。攀爬区是小型攀岩墙，考古挖掘区是一片远古恐龙时代的化石挖掘现场并且有一个浅山洞。在保证安全性的前提下提供了相对刺激的游乐项目，对应着这两个区域的是密林索道。

　　上图是水上迷宫和沙雕海滩。水上迷宫是为孩子量身设计的尺度，并不是漆黑的城堡围墙，大部分是用绿篱来剪型模拟形成墙壁。沙雕区则是为有艺术创作意愿的孩子提供的沙滩，也是家庭共同完成的项目。

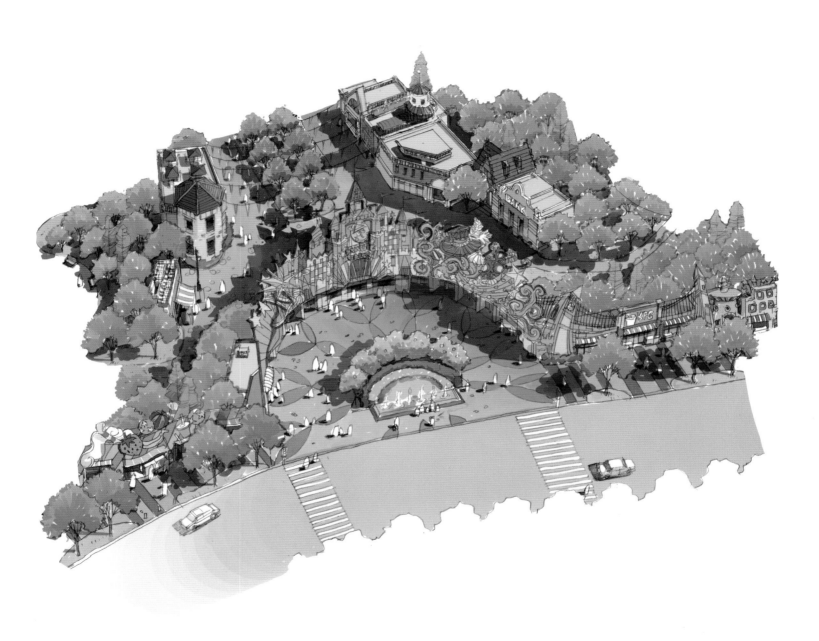

上图则是入口区进来相对应的魔法街道，建筑左右排列，中间为树阵和一些休息座椅。在这个主题设计项目中，并非完全纯粹的主题乐园，是介于公园与游乐园之间，所以一些常用的景观设计手法也运用其中，还有大量的种植和园林景致。

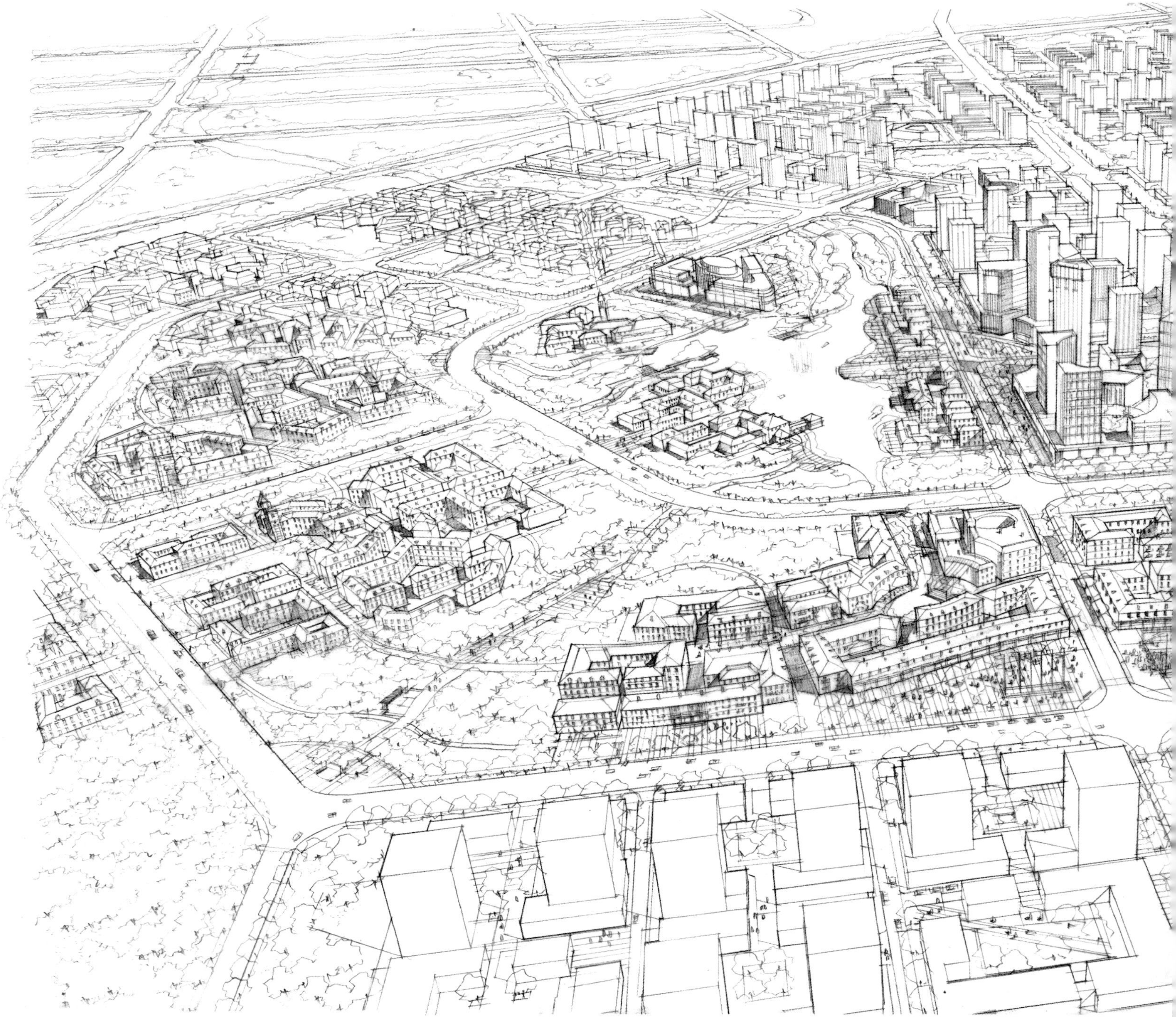

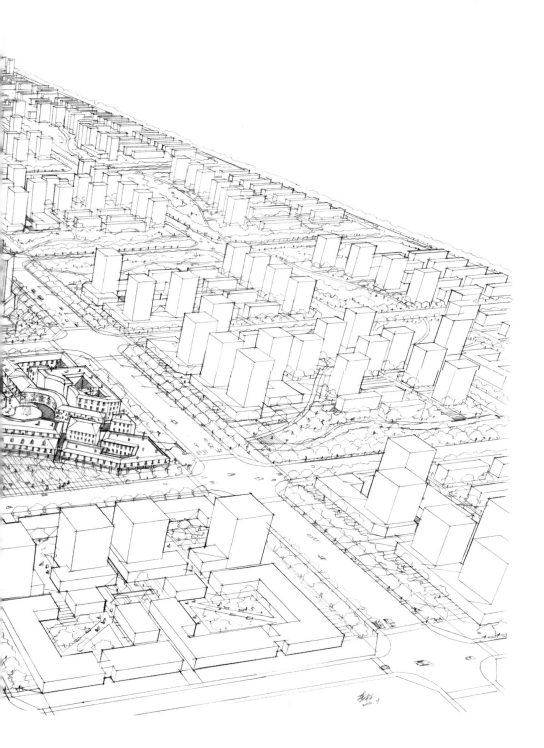

这是一个纯粹的城市规划设计鸟瞰图，过程对我来说是一个非常艰辛的挑战。

A0 的大图仅线稿就花费了 20 个小时以上，对于图中右侧密集的建筑物，先用 SKETCH UP 简单拉伸 3D 盒子模型，这是一个比较省力的办法，既避免了错误，也不会因为徒手绘制大面积立方体而产生视觉疲劳导致的透视错误。而左侧和画面中心的欧洲小镇式建筑格局，则相对容易徒手控制，因为建筑低矮，弯曲的线条还是徒手绘制更加生动。广场的细节和亲水区域是在绘制过程中推画的，这就需要之前章节阐述的平日细节练习的积累。当日积月累形成习惯后，则可以做到凭空想象，顺畅进行，这个不是技巧，也没有捷径，是靠时间积累出来，偷懒不得。

我个人绘制的过程顺序大致如下：以 CAD 路网和建筑布局平面为基础，导入 SKETCH UP 中拉伸简单的 3D 模型。这个步骤关键是层高的控制，低矮的建筑则可以节省时间免去这个步骤。打印后用作底子图，蒙上草图纸先画主干路和水系，然后是建筑，次之是景观和地块内支路，绘图顺序跟设计顺序恰恰相同。

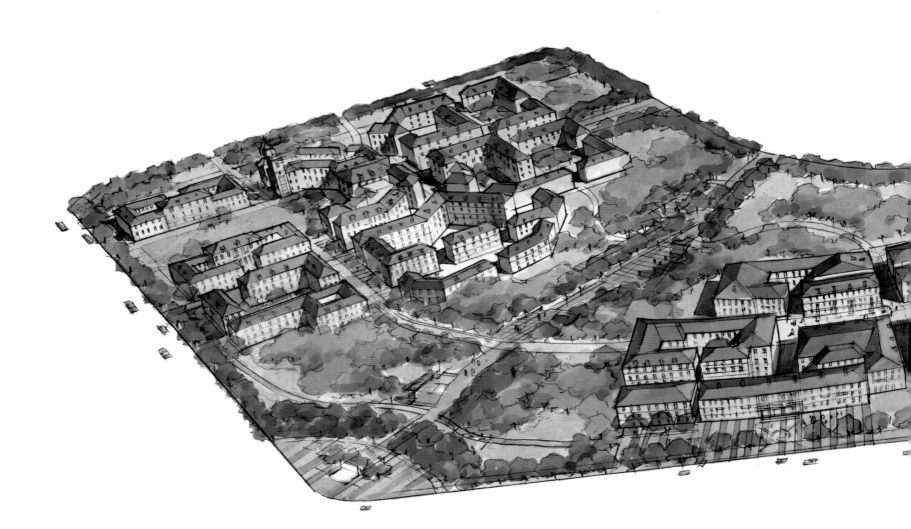

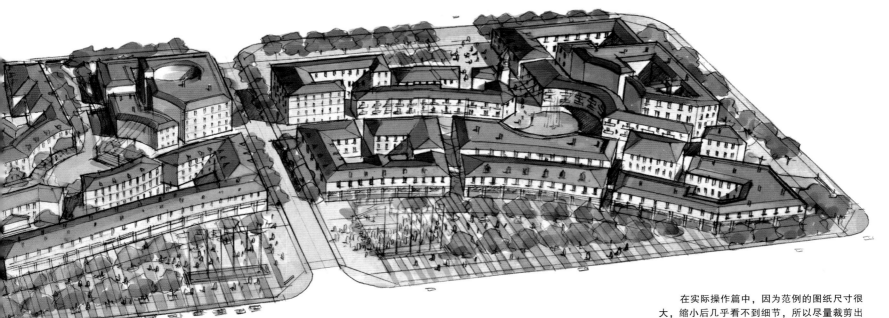

在实际操作篇中，因为范例的图纸尺寸很大，缩小后几乎看不到细节，所以尽量裁剪出不同区域大图逐个放大。其间我也穿插分享了一些心得体会，我认为学会技法相对容易，但是一些心得体会和经验的交流分享是很有必要的。

手绘鸟瞰图确实是个很花心思也很辛苦的工作。我的工作周期少则三到四天，多则一周以上。如果算上修改调整则更长，工作一年也难以积累下两三张满意的作品。因为设计项目的周期较长，所以每一次绘图的过程我都会认真对待。看着一张大图从白纸到完成，也是一件很有成就感的事情。

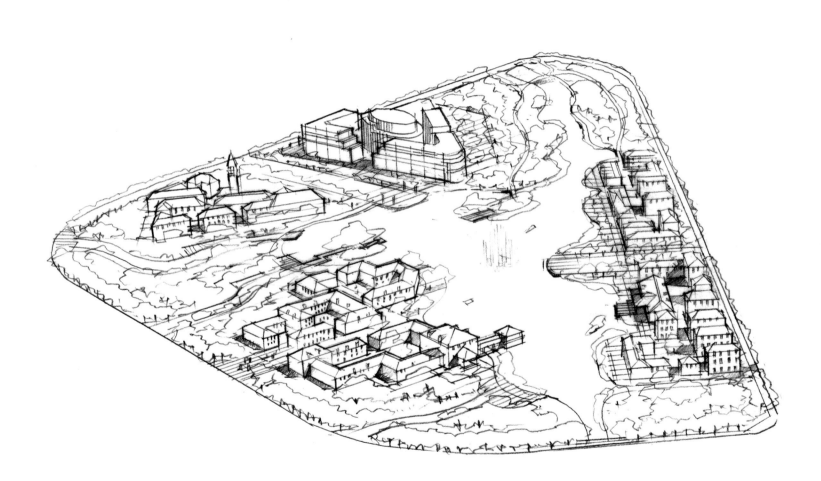

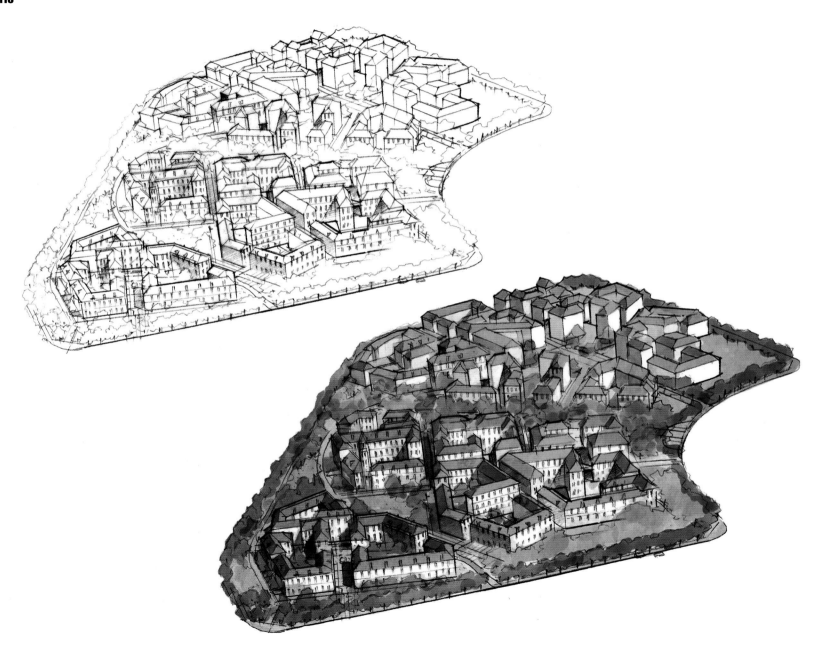

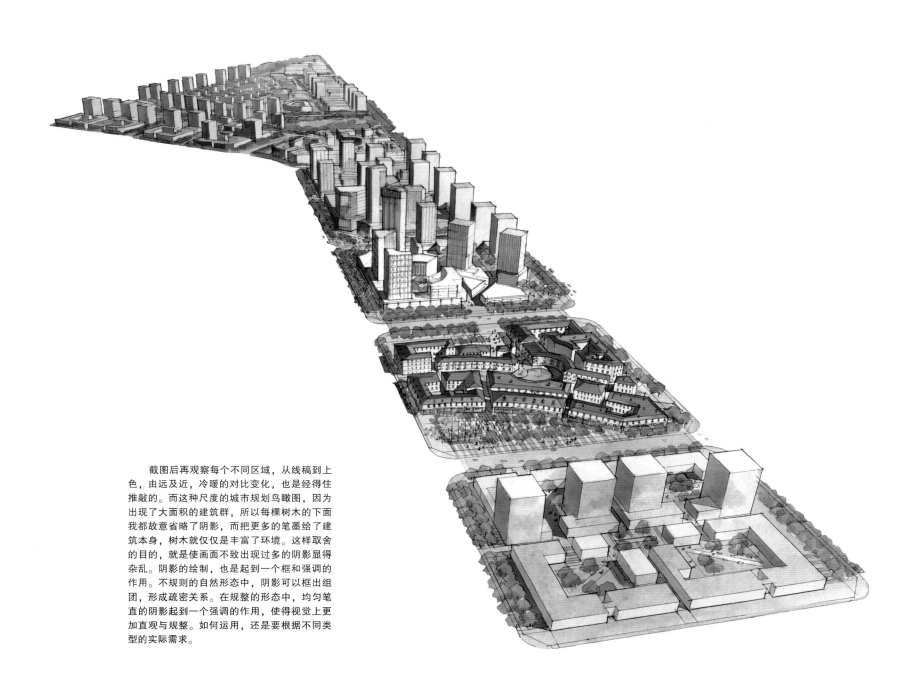

　　截图后再观察每个不同区域，从线稿到上色，由远及近，冷暖的对比变化，也是经得住推敲的。而这种尺度的城市规划鸟瞰图，因为出现了大面积的建筑群，所以每棵树木的下面我都故意省略了阴影，而把更多的笔墨给了建筑本身，树木就仅仅是丰富了环境。这样取舍的目的，就是使画面不致出现过多的阴影显得杂乱。阴影的绘制，也是起到一个框和强调的作用。不规则的自然形态中，阴影可以框出组团，形成疏密关系。在规整的形态中，均匀笔直的阴影起到一个强调的作用，使得视觉上更加直观与规整。如何运用，还是要根据不同类型的实际需求。

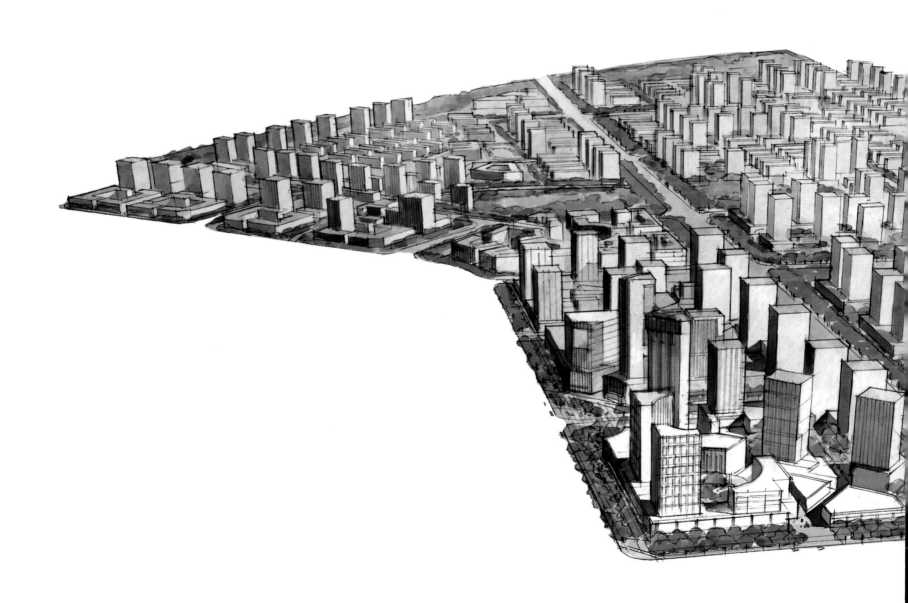

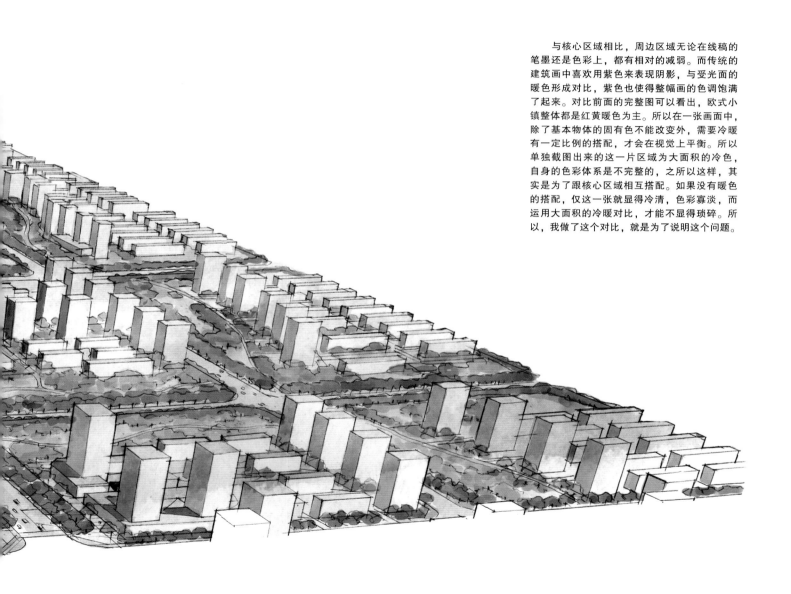

与核心区域相比，周边区域无论在线稿的笔墨还是色彩上，都有相对的减弱。而传统的建筑画中喜欢用紫色来表现阴影，与受光面的暖色形成对比，紫色也使得整幅画的色调饱满了起来。对比前面的完整图可以看出，欧式小镇整体都是红黄暖色为主。所以在一张画面中，除了基本物体的固有色不能改变外，需要冷暖有一定比例的搭配，才会在视觉上平衡。所以单独截图出来的这一片区域为大面积的冷色，自身的色彩体系是不完整的，之所以这样，其实是为了跟核心区域相互搭配。如果没有暖色的搭配，仅这一张就显得冷清，色彩寡淡，而运用大面积的冷暖对比，才能不显得琐碎。所以，我做了这个对比，就是为了说明这个问题。

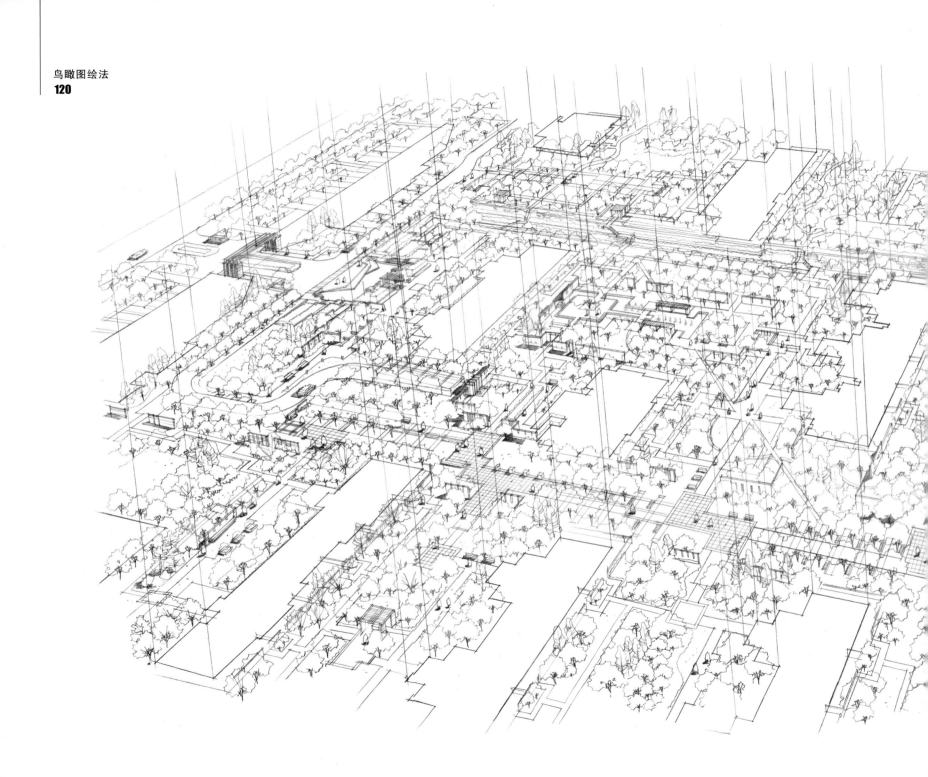

这是一个高层住宅区的景观鸟瞰图案例。因为是高层建筑，所以根据采光的规范要求楼间间隔比较大，这样使得宅间绿地跨度增加，面积增大，所以在鸟瞰图的绘制中内容和细节也更多。

首先是要了解场地的高差，这个项目的一个特点是由东向西有较大的高差陡坎，也就是鸟瞰图中由远及近方向——图的横向是南北方向。这个陡坎的处理就用挡墙将最东侧的一排建筑隔在陡坎之上，与下面的两排建筑相比则有3米左右的高差，这个高差的表现是一个难点，需要重点强调。而景观的核心思路则是用"墙"和"院落"将每个区域围合，墙是透空的墙，院落则是由断断续续的透空墙围合——只是景观形式上的围合，并不是真正的深宅高墙。

在分析并且掌握了这两个关键的问题之后，便可以依据常规方法耐心绘制出线稿。这张是A1幅面加长，自动铅笔绘制于草图纸上。

因为本书大部分实例都是使用电脑软件上色，所以方法大致相同，与之前儿童主题乐园一样，在PHOTOSHOP中分层上色。个人的习惯首先还是草坪、道路，然后是园路与铺装。分层的好处就是可以容易地修改。在草坪图层中载入选区，然后加深中心区域。我一直在强调对比与过渡，因为这是个制造视觉中心的好办法。草坪不宜过于翠绿，偏暖偏黄一些为好，不然容易与树的浓郁相接近，难以分出层次。

接下来就是大面积的树木，这是十分耗时的一个过程。如果偷懒用大面积平涂虽然可以节省时间，但是难以有肌理和通透感。开花观赏树用彩色表示，但是这个色彩不宜过多，因为多就显得杂乱。这张图仅选择了粉色和中黄两个颜色，其余就是绿色的变化。而中心区域的树冠分了由浅至深 3 个层次来进行色彩变化，凸显立体感。这一步骤过程枯燥，而长时间对着中间色调很容易产生错觉和视觉疲劳。这个时候就是经验发挥作用的时候，因为有了之前成功绘图的经验，就可以预见最终的完成效果，从而坚定了能够完成的信心，只要耐心地按照步骤来做，最终的效果就不会有太大的偏差——认真做好当下，也是为下一步奠定基础。

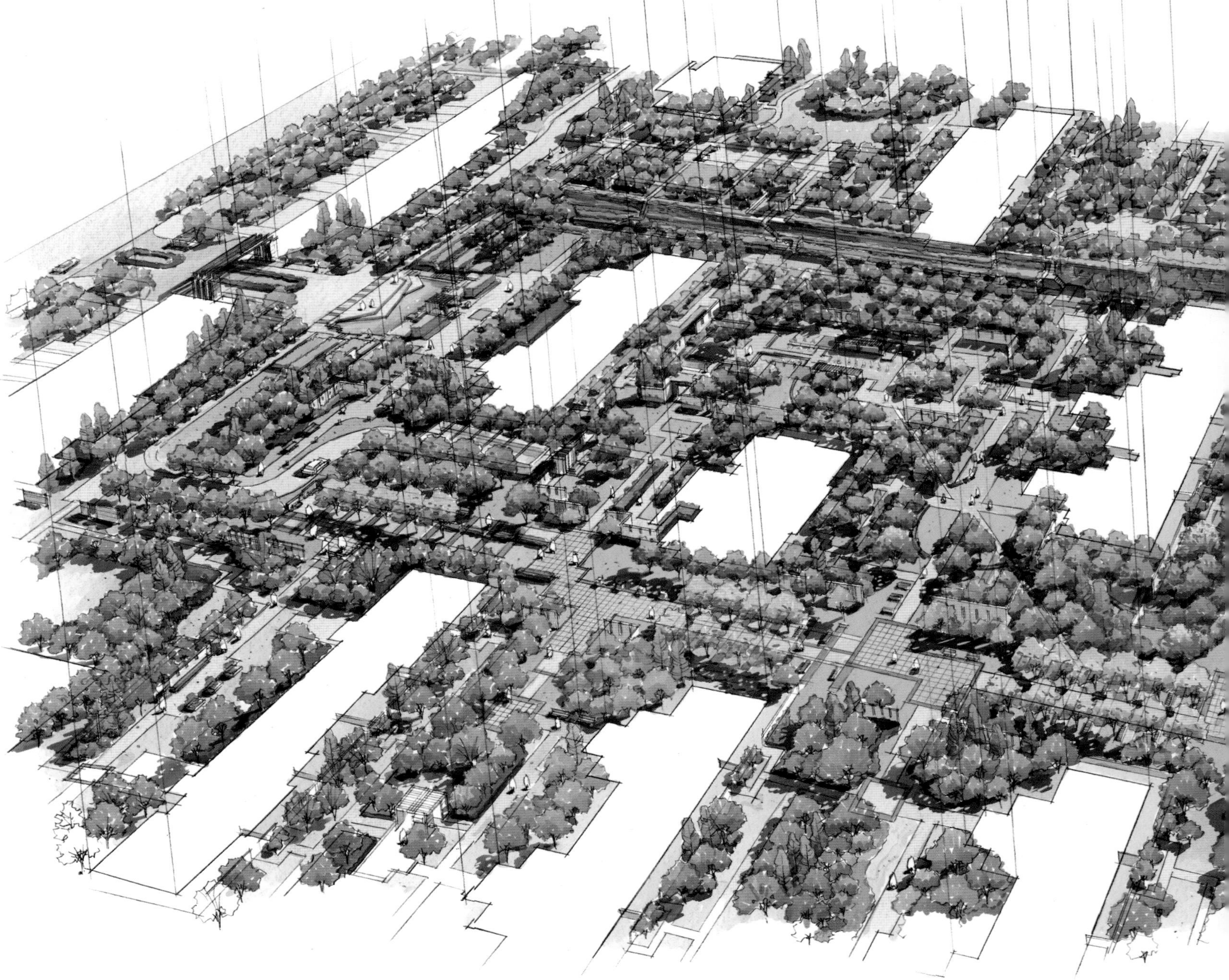

最终的步骤终于到了，也是最爽快的一个步骤，就是绘制整体的阴影。新建一个单独的图层，这样阴影半透明地遮盖在不同材质的地面上，会保留微妙的基底色彩。比如铺砖和草坪，在紫色的阴影下依稀可以看出区别，这些便是不可以忽略的细节。

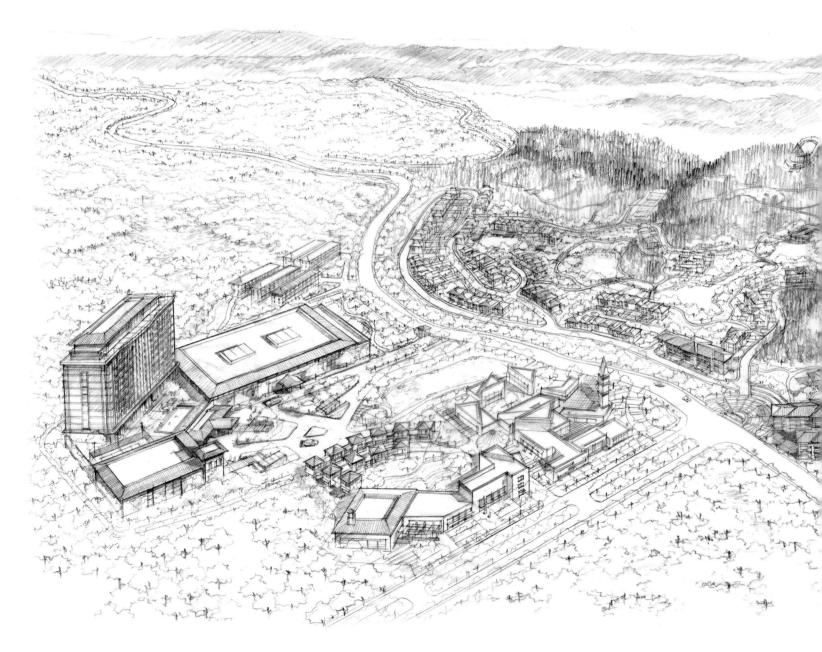

　　这张旧作如今看来色调是很浓郁的。随着时间的推移，颜色却是越来越清淡了。它的难点在于悬崖的戛然而止和远山的处理，这曾经对我来说是个很大的挑战，而如今看来，效果还是有点差强人意。酒店、商业街、联排别墅、会所、教堂、观景台这些常见的开发产品统统揉捏于郁郁葱葱的环境中。一片松林用了比较夸张的手法来体现，更像是标记与符号，让人一眼就看清了轮廓，潺潺溪流叠下山崖，远山云雾缭绕。

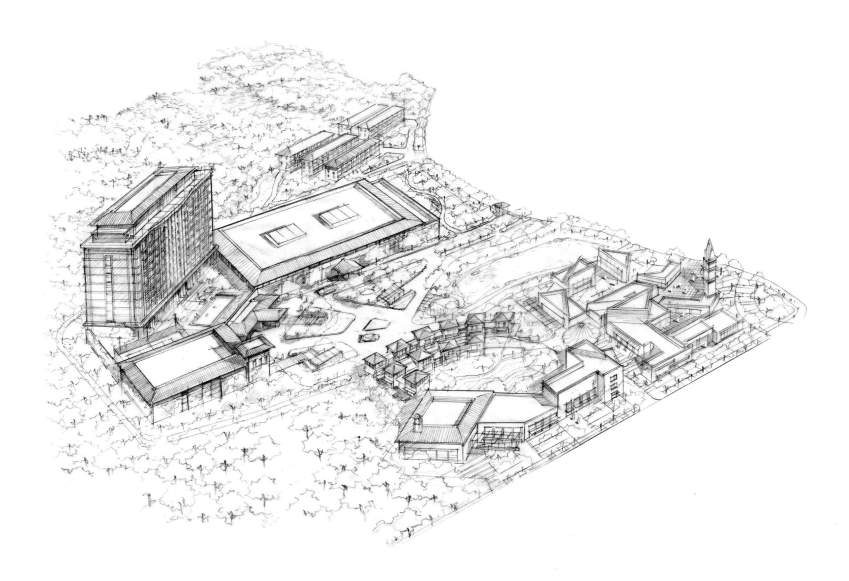

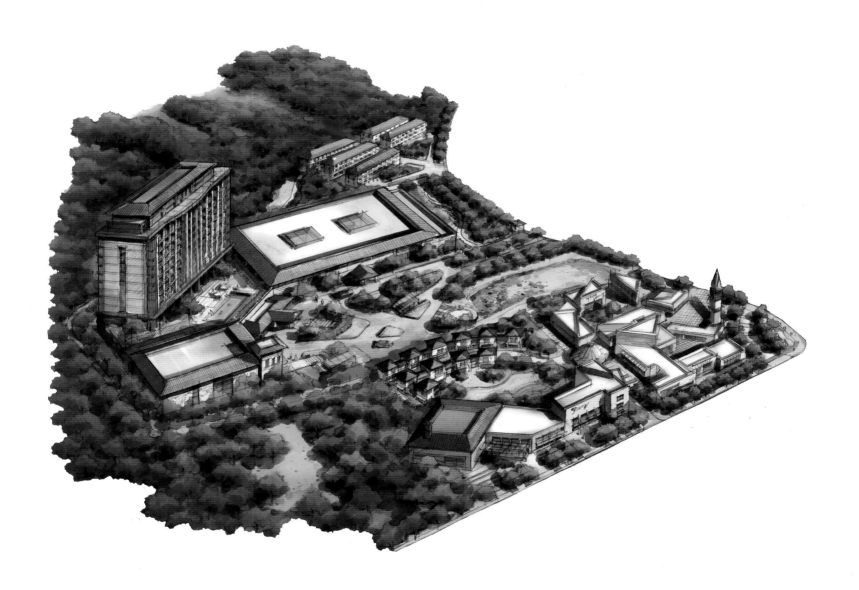

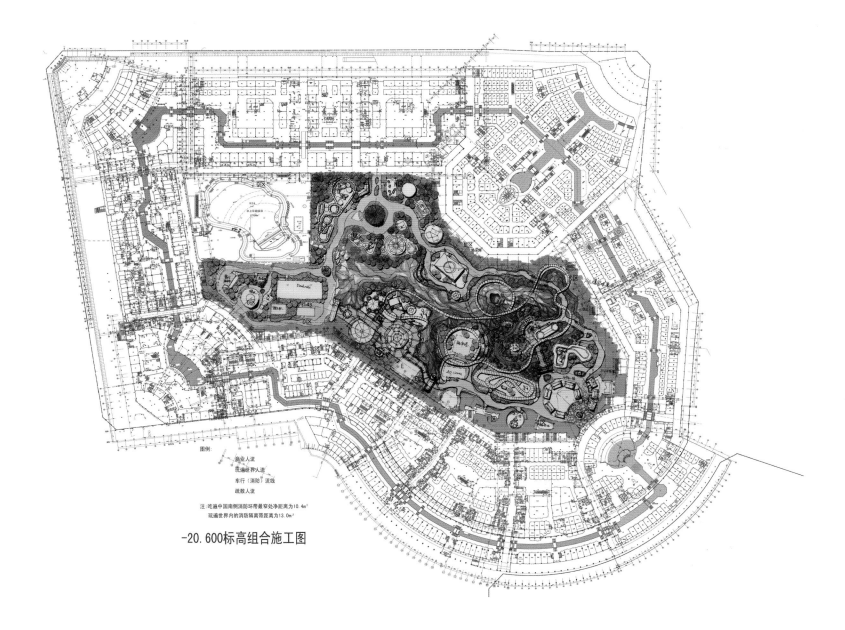

图例:
商业人流
玩遍世界人流
车行(消防)流线
疏散人流

注:吃遍中国南侧消防环带最窄处净距离为10.4m²
玩遍世界内的消防隔离带距离为13.0m²

-20.600标高组合施工图

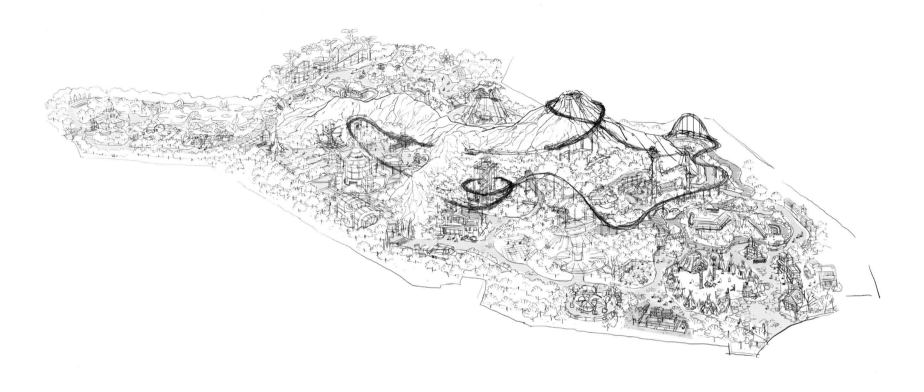

　　这是一个室内主题公园项目，场地位于一个大型 MALL 的地下下沉中庭，高度为地下五层，地上一层为中庭顶部，有采光天窗。设计主题为"玩遍世界"——利用"穿越时空"等手法，将地球上不同的时期串联起来，使得"玩遍世界"这个题材更加具备新意和吸引力。

　　主题项目鸟瞰图的绘制重点在于各种富有想象力的设备包装，大量器材和包装造型的形态塑造不仅仅需要严谨的态度和耐心，还是个考验造型基础的过程。首先是绘制设计草图，这个步骤更多的是给自己看，让自己理清整个场地关系、不同主题的包装设计元素。比如此项目分为"热带雨林"、"火山与史前文明"、"未来科幻"、"海底世界"、"西部风情"等等截然不同的包装元素，要清楚各自具有代表性的符号特征，抓住特点才能够准确表达。大量资料的收集整理也是十分关键的。园区的重点是围绕着中心火山盘旋穿越的过山车，虽然这个轨道的设计有专业公司来把握，但是前期主题设计还是要给一个基本可行的概念来保证游乐项目的趣味性，设计路线也是花费了一番心思。而中心火山主体不仅仅是一项游乐活动，在功能上更是起到了划分区域的作用。

　　在草图经过两轮的讨论和修改最终确制之后，扩印在一张 A0 加长的白纸上，用草图纸参照底图进行绘制正稿。因为草图尺寸比较小，所以在扩印之后线条粗细变得十分夸张，很多没涉及的细节在这过程需要仔细斟酌。这是我耗时最长的一次鸟瞰图绘制工作，铅笔线稿画了 3 个工作日，总共超过 30 个小时才得以完成。其间每一处设备都要对比实物照片作为参考并且通过想象加以主题化包装，使机械设备符合本区域的主题性。比如火山旁的大摆锤，因为是处于史前恐龙文明时期，所以常规的摆锤架上面设计了仿原木的粗犷质感，有一种远古的野趣。在顶部栖落着一只凶猛而巨大的翼龙，虎视眈眈，这样不仅增加了强烈的视觉效果，更使本来冰冷的机械设备跟环境融为一体，对游客有更好的代入感。总之，绘图是个枯燥而孤独的事情，消极的情绪会不停地拷问自己，但是只有克服这些负面情绪不停地坚持下去，才会得到让自己骄傲的成果。

　　之前已经举过多个例子，所以依据经验来上色吧，只要按照成熟的步骤一步一步做好，结果是会令人欣喜的。其实对于枯燥的线稿来说，上色的过程是很令人愉快的，因为最艰辛的阶段已经过去，在色彩愈发缤纷的世界里总是让人开心的。即使室内主题公园设计并不适宜大面积种植植物，但绿化依然是必不可少的。树木真假混合并存，除了控制真树的高度，所谓的"假树"则是主题设计需求，作为包装的一部分来完成。比如热带雨林区域，各种夸张的枝叶和藤蔓，在现实中几乎是找不到的，所以这就需要把它归纳为主题包装的一部分来制作出来。

　　铺装作为这个室内主题设计是比较重要的一个设计环节，这一步骤就做了重点刻画表现。整个场地铺装分为四大不同区域来做表现：1. 西部风情的荒漠矿山，铺装特点多为粗糙的沙砾，配合一些枯树干、石头和杂草来营造荒凉狂野的气氛。2. 未来科幻区，特点是幻想无限，充满科技感的线条。受到科幻题材电影的启发，铺装上采用清冷色调，拼装出像电路板一样走向的纹理。3. 昆虫王国区，主题是微观世界，夸张的尺度，仿佛将人缩小后通过昆虫般的视角来观察周围一切，所以铺装也采用夸大的自然肌理来表现。4. 海底世界，七彩斑斓的波浪是最好的诠释。火山山体采取了比较夸张的涂装，表现岩浆喷发的炽烈，而山石并不能是一味的褐色，要考虑到跟山脚下雨林的过渡衔接。

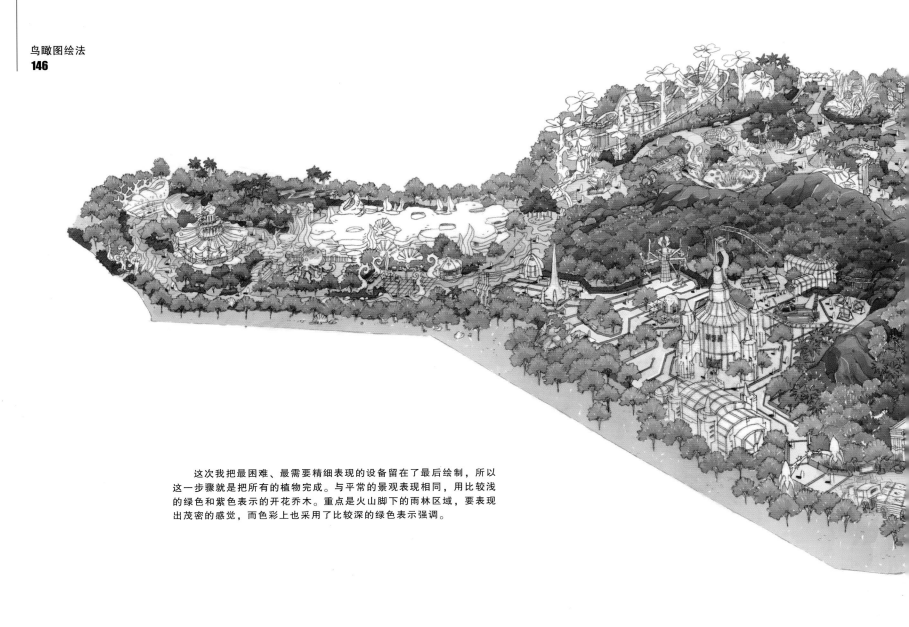

　　这次我把最困难、最需要精细表现的设备留在了最后绘制，所以这一步骤就是把所有的植物完成。与平常的景观表现相同，用比较浅的绿色和紫色表示的开花乔木。重点是火山脚下的雨林区域，要表现出茂密的感觉，而色彩上也采用了比较深的绿色表示强调。

把最终的游乐设备和构筑物上色完成，这需要极大的耐心，琐碎的配色每一个都要考虑，既不能单调，也要考虑跟周边环境的对比不宜过分出挑。这个过程我整整用了一天来完成，微观世界区的巨大西红柿和西瓜我个人比较喜欢，很有立体感和趣味性。最后整体加上阴影，这张室内主题公园的鸟瞰图就绘制完成了。因为之前的项目介绍里说过，这是在一个大型 MALL 的地下中庭，周边是商铺和步行街，所以园区的出入口需要清晰地标志出，同时增加了周边商铺的分布位置。为了凸显主题公园，所以在商业街的表现处理上用了简略的手法，仅用方块盒子来表达出体积，标记出通道和走廊即可。

这个区域是"海底世界"，顾名思义就是以色彩斑斓，梦幻般的海底景色作为主题包装。这个区域主要的设备有：以巨大海底礁石为外墙包装的 DARK RIDE，其中内容就是以光成像、声音、造景等手段通过搭乘轨道车和互动射击等方式，使游客体验奇幻的故事场景；以大鲸鱼张开的巨口为帐幕的室外表演小舞台；以海螺、贝类等为造型的旋转海马；以八爪鱼为主体的转转杯；还有巨大藤蔓围合的音乐喷泉；在激浪中摇摆的摇滚海盗船。图的右上方是通往"微观世界"区域的通道，也以两条巨大剑鱼交叉形成门廊出入口，各种设施都进行细致的主题设计，整体形成一个如梦如幻的海底世界。

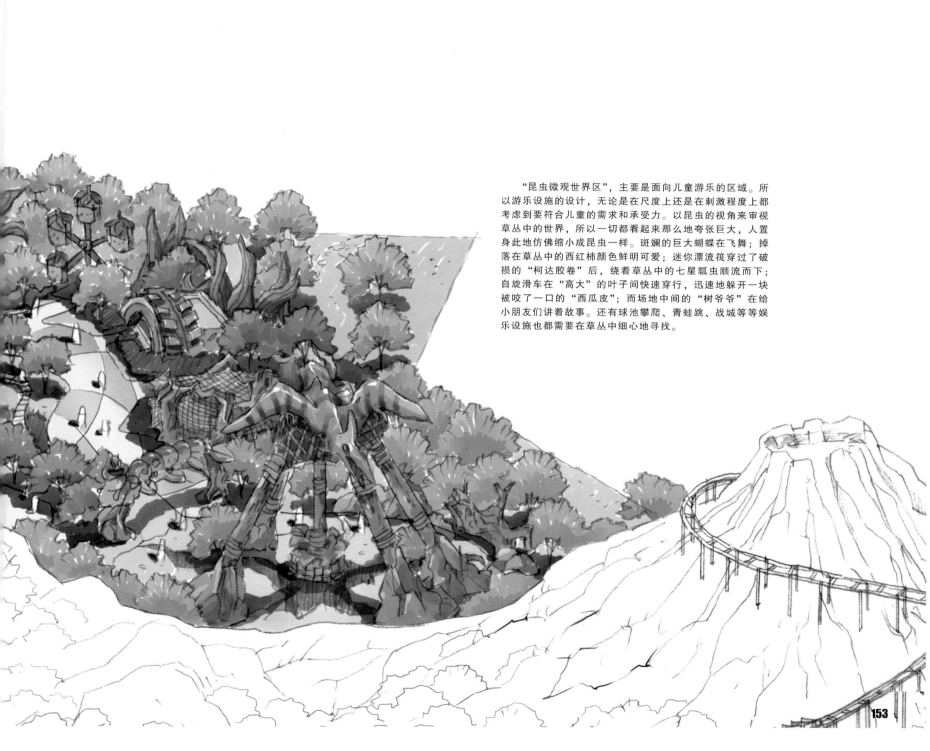

　　"昆虫微观世界区"，主要是面向儿童游乐的区域。所以游乐设施的设计，无论是在尺度上还是在刺激程度上都考虑到要符合儿童的需求和承受力。以昆虫的视角来审视草丛中的世界，所以一切都看起来那么地夸张巨大，人置身此地仿佛缩小成昆虫一样。斑斓的巨大蝴蝶在飞舞；掉落在草丛中的西红柿颜色鲜明可爱；迷你漂流筏穿过了破损的"柯达胶卷"后，绕着草丛中的七星瓢虫顺流而下；自旋滑车在"高大"的叶子间快速穿行，迅速地躲开一块被咬了一口的"西瓜皮"；而场地中间的"树爷爷"在给小朋友们讲着故事。还有球池攀爬、青蛙跳、战城等等娱乐设施也都需要在草丛中细心地寻找。

在"未来区",飞船与太空幻想是人们关注的永恒主题。在这里,游客可以登上通往史前文明的时空列车,穿越火山,去体验恐龙主宰的世界;场地中央是"宇宙飞行",在这艘巨大的飞船中通过巨大的向上气流喷射,游客可以像小鸟一样真正地飞翔;在"飞行影院"中,游客可以在 4D 体验馆中尝试飞向未来的目眩神迷;而室外的小型设施"三维太空环"和"太空人"也是一种勇气的挑战。铺装设计受到科幻题材电影的启发,铺装上采用清冷色调,拼装出像电路板一样的纹理走向,完整的主题设计让游客得到全方位的未来体验。

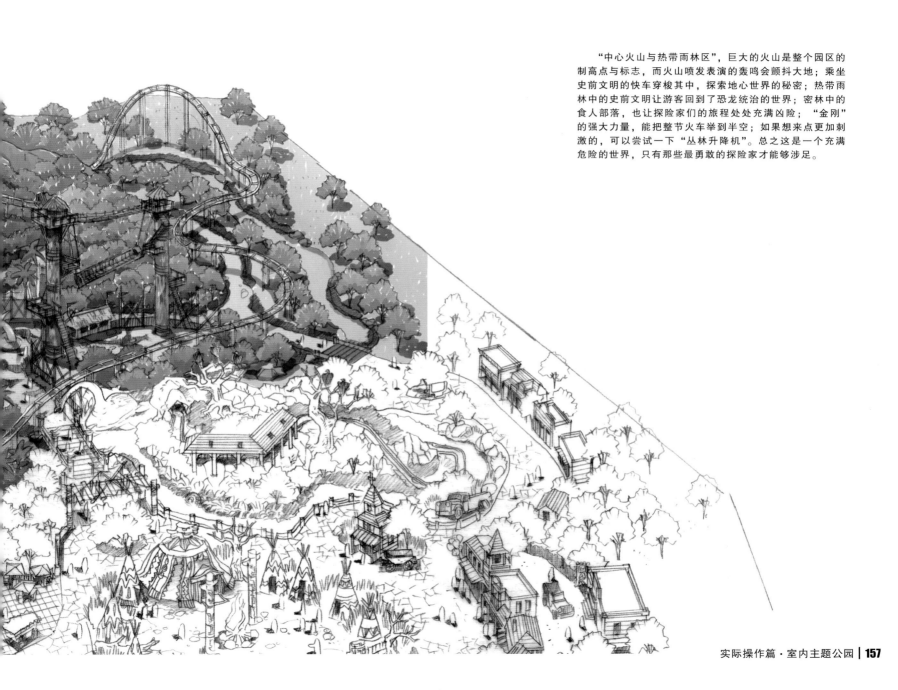

"中心火山与热带雨林区"，巨大的火山是整个园区的制高点与标志，而火山喷发表演的轰鸣会颤抖大地；乘坐史前文明的快车穿梭其中，探索地心世界的秘密；热带雨林中的史前文明让游客回到了恐龙统治的世界；密林中的食人部落，也让探险家们的旅程处处充满凶险；"金刚"的强大力量，能把整节火车举到半空；如果想来点更加刺激的，可以尝试一下"丛林升降机"。总之这是一个充满危险的世界，只有那些最勇敢的探险家才能够涉足。

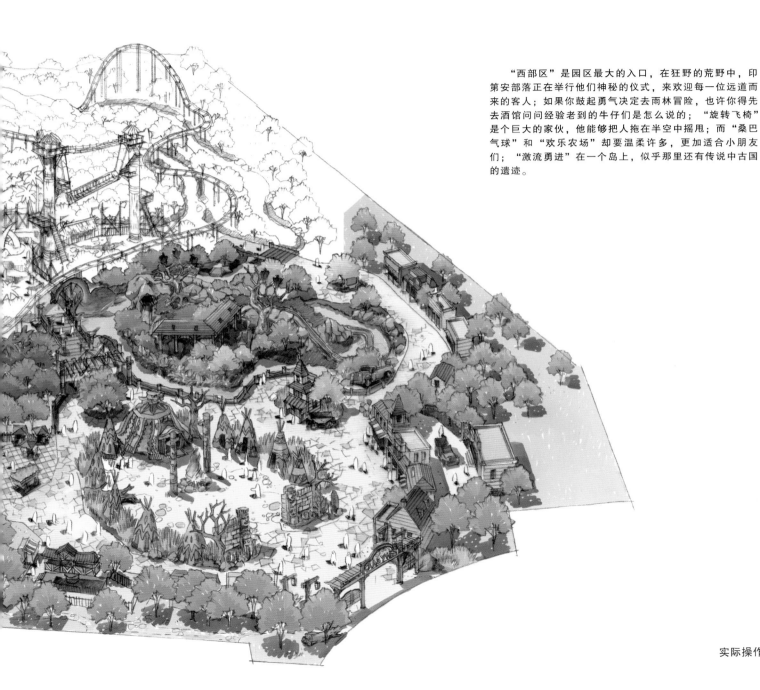

"西部区"是园区最大的入口，在狂野的荒野中，印第安部落正在举行他们神秘的仪式，来欢迎每一位远道而来的客人；如果你鼓起勇气决定去雨林冒险，也许你得先去酒馆问问经验老到的牛仔们是怎么说的；"旋转飞椅"是个巨大的家伙，他能够把人拖在半空中摇甩；而"桑巴气球"和"欢乐农场"却要温柔许多，更加适合小朋友们；"激流勇进"在一个岛上，似乎那里还有传说中古国的遗迹。